Cálculo Integral e o Teorema de Stokes

Textuniversitários 24

COMISSÃO EDITORIAL:
*Thiago Augusto Silva Dourado
Francisco César Polcino Milies
Carlos Gustavo T. de A. Moreira
Ana Luiza da Conceição Tenório
Gerardo Barrera Vargas*

Paulo D. Cordaro

Cálculo Integral e o Teorema de Stokes

LF Editorial
São Paulo — 2024

Copyright © 2024 Editora Livraria da Física

1a. Edição

Editor: Victor Pereira Marinho e José Roberto Marinho
Projeto gráfico e diagramação: Thiago Augusto Silva Dourado
Capa: Fabrício Ribeiro

Texto em conformidade com as novas regras ortográficas do Acordo da Língua Portuguesa.

Dados Internacionais de Catalogação na Publicação (CIP)
(Câmara Brasileira do Livro, SP, Brasil)

Cordaro, Paulo D.
   Cálculo integral e o Teorema de Stokes / Paulo D. Cordaro. -- São Paulo : LF Editorial, 2024. -- (Textuniversitários ; 24)

   ISBN 978-65-5563-420-4

   1. Cálculo integral 2. Equações diferenciais 3. Matemática - Estudo e ensino I. Título. II. Série.

24-193040 CDD–510.7

Índices para catálogo sistemático:

1. Matemática : Estudo e ensino   510.7

Tábata Alves da Silva – Bibliotecária – CRB-8/9253

ISBN 978-65-5563-420-4

Todos os direitos reservados. Nenhuma parte desta obra poderá ser reproduzida sejam quais forem os meios empregados sem a permissão da Editora. Aos infratores aplicam-se as sanções previstas nos artigos 102, 104, 106 e 107 da Lei n. 9.610, de 19 de fevereiro de 1998.

Impresso no Brasil
Printed in Brazil

www.lfeditorial.com.br
Visite nossa livraria no Instituto de Física da USP
www.livrariadafisica.com.br
Telefones:
(11) 39363413 - Editora
(11) 26486566 - Livraria

*Recebei a instrução e não o dinheiro
Preferi a ciência ao fino ouro,
pois a Sabedoria vale mais que as pérolas
e jóia alguma a pode igualar.*

Provérbios 8, 10-11.

Sumário

Introdução	1
1 Teoria Abstrata da Integração	**5**
2 A Medida e a Integral de Lebesgue	**23**
3 O Teorema de Mudança de Variável na Integral de Lebesgue	**35**
4 Campos e Formas Diferenciais	**49**
4.1 Campos vetoriais	49
4.2 Formas diferenciais	53
4.3 Produto exterior	57
4.4 A derivada exterior	60
4.5 Pullback	62
4.6 Uma observação sobre a invariância	67
Apêndice: Módulos sobre anéis comutativos	68
5 Integração de Formas Diferenciais e o Teorema de Stokes	**71**
5.1 Simplexos e cadeias afins	75
5.2 O teorema de Stokes (primeira versão)	80
5.3 Simplexos e cadeias singulares	83
5.4 O teorema de Stokes (segunda versão)	84

6 Exemplos e Aplicações — 87
- 6.1 A fórmula de Green para o disco 87
- 6.2 Abertos regulares 89
- 6.3 Abertos com fronteira regular 96
- 6.4 A fórmula de Stokes para abertos com fronteira regular . . 99
- 6.5 O teorema da divergência 101
- 6.6 A fórmula de Stokes para formas de classe C^1 104

Apêndices — 109

A A Cohomologia de De Rham — 109
- A.1 Complexos de espaços vetoriais 109
- A.2 A cohomologia de De Rham 111

B Exercícios — 117
- Capítulo 1 117
- Capítulo 2 120
- Capítulo 3 123
- Capítulo 4 126
- Capítulo 5 128
- Capítulo 6 129
- Apêndice A 132

Referências Bibliográficas — 137

Notações — 139

Índice Remissivo — 141

Introdução

O objetivo deste texto é apresentar a teoria das formas diferenciais em $\mathbb{R}^N$, enunciar e demonstrar o Teorema de Stokes, bem como exibir algumas de suas aplicações. Há, também, uma ênfase no estudo de uma versão geral da Fórmula de Gauss, tópico tão importante no estudo das equações diferenciais parciais lineares.

O Teorema de Stokes nada mais é que a versão multidimensional do bem conhecido Teorema Fundamental do Cálculo: se $f : \mathbb{R} \to \mathbb{R}$ é uma função, digamos, continuamente diferenciável e se $a < b$ são números reais então vale a fórmula

(i) $$\int_a^b f'(x)\,\mathrm{d}x = f(b) - f(a).$$

Em particular, o valor da integral da derivada de f sobre o intervalo compacto $I = [a, b]$ é determinado pelos valores de f tomados na fronteira $\partial I = \{a, b\}$ de I. Se utilizarmos as notações

(ii) $$\mathrm{d}f = f'(x)\,\mathrm{d}x,$$

(iii) $$\int_{\partial I} f = f(b) - f(a),$$

então (i) pode ser escrita na forma

(iv) $$\int_I \mathrm{d}f = \int_{\partial I} f.$$

A igualdade (iv) recebe o nome de "Fórmula de Stokes". É evidente que nossa discussão, um tanto informal, merece um maior esclarecimento e este será o objetivo de nossa exposição: vamos fornecer um significado preciso para (iv) no caso multidimensional e, para tal,

- Desenvolveremos, no Capítulo 4, a teoria das formas diferenciais, que na Fórmula de Stokes são os integrandos (em particular, daremos o significado preciso para a expressão df);

- Apresentaremos, no Capítulo 5, a teoria das cadeias singulares e suas fronteiras, que são os domínios de integração na Fórmula de Stokes.

Devemos aqui enfatizar um fato relevante: em (iii) existe uma importante escolha de sinais. No "ponto direito" do intervalo o valor da função f é tomado sem troca de sinal, enquanto que esta troca ocorre quando tomamos o valor de f no "lado esquerdo" do intervalo. Isto significa que para a validade da Fórmula de Stokes a fronteira do domínio deve ser tomada com a correta orientação. A questão da orientação da fronteira do domínio no caso multidimensional será também cuidadosamente analisada no texto: mostraremos como escolher o sinal corretamente em cada uma das diversas faces da fronteira.

Este texto se originou da nossa experiência em sala de aula, quando ministramos por inúmeras vezes a disciplina "Cálculo Integral" nos Bacharelados em Matemática e em Matemática Aplicada do Instituto de Matemática e Estatística da USP. Trata-se de uma abordagem muito pessoal, um testemunho mesmo de como acreditamos ser a melhor maneira de apresentar a teoria.

Para se definir integração de formas diferenciais necessitamos de dois ingredientes fundamentais: a teoria da integração em $\mathbb{R}^N$ e o Teorema de Mudança de Variável na Integral Múltipla. Quanto à teoria da integração, acreditamos ser a de Lebesgue a mais apropriada. Ela permite, como uma enorme vantagem sobre a integral de Riemann, que se evitem as dificuldades oriundas da geometria dos domínios de integração. No nosso (particular) caso precisamos somente integrar funções mensuráveis e limitadas sobre conjuntos de medida finita. Com isto em mente apresentamos, no Capítulo 1, a teoria abstrata da integração nesta situação particular. A integral de Lebesgue em $\mathbb{R}^N$ é então exposta no Capítulo 2 e, no Capítulo 3, apresentamos a demonstração completa do Teorema de Mudança de Variável para a integral de Lebesgue.

As formas diferenciais são apresentadas no Capítulo 4 e o Teorema de Stokes é demonstrado no Capítulo 5. No Capítulo 6 apresentamos algumas aplicações e, o que talvez seja a parte mais importante do texto, uma discussão bastante completa do Teorema da Divergência de Gauss. Finalmente, no Apêndice apresentamos uma breve introdução à cohomologia de De Rham.

Uma obra belíssima, que trata do assunto aqui exposto (e muito mais!), é o livro de Walter Rudin [Ru]. Dele extraímos a discussão sobre simplexos e cadeias afins contida no Capítulo 5, bem como a demonstração da primeira versão do Teorema de Stokes. O Capítulo 1 foi, basicamente, extraído de [Ro], enquanto que a demonstração do Teorema de Mudança de Variável na Integral Múltipla é baseada em notas de aula de uma disciplina ministrada em Rutgers no ano acadêmico 1980/81 [S].

A elaboração deste texto levou anos e, durante esse tempo, muitos alunos e professores apresentaram sugestões e apontaram erros. Pedimos perdão por não citar os nomes aqui, porque certamente a lista não seria completa. Entretanto, a publicação se deve ao entusiasmo de Thiago Augusto Silva Dourado, que sugeriu que submetêssemos o texto a esta coleção, e ao incentivo que recebemos por parte de Luiz Felipe Silva Marques, Vinicius Novelli da Silva e Gabriel C. C. S. Araújo. A eles, nossos agradecimentos.

IME–USP, janeiro de 2024

1
Teoria Abstrata da Integração

Seja X um conjunto não vazio e considere $P(X) \doteq \{A : A \subset X\}$.

Definição 1.1 Uma *σ-álgebra* de subconjuntos de X é um conjunto $\mathcal{A} \subset P(X)$ não vazio tal que

- Se $A \in \mathcal{A}$ então $X \setminus A \in \mathcal{A}$;
- Se $A_n \in \mathcal{A}$, $n = 1, 2, \ldots$, então $\bigcup_{n=1}^{\infty} A_n \in \mathcal{A}$.

Note, em particular, que se $\mathcal{A}$ é uma σ-álgebra de subconjuntos de X então

- $\emptyset, X \in \mathcal{A}$;
- Se $A_n \in \mathcal{A}$, $n = 1, 2, \ldots$, então $\bigcap_{n=1}^{\infty} A_n \in \mathcal{A}$;
- Se $A, B \in \mathcal{A}$ então $B \setminus A = B \cap (X \setminus A) \in \mathcal{A}$.

Um *espaço mensurável* é um par $(X, \mathcal{A})$, onde X é um conjunto não vazio e $\mathcal{A}$ é uma σ-álgebra de subconjuntos de X. Um subconjunto A de X é $\mathcal{A}$-*mensurável* se $A \in \mathcal{A}$. Note que se $(X, \mathcal{A})$ é um espaço mensurável e se $Y \in \mathcal{A}$ então
$$\mathcal{A}_Y = \{A \cap Y : A \in \mathcal{A}\}$$
é uma σ-álgebra de subconjuntos de Y. O par $(Y, \mathcal{A}_Y)$ é então um espaço mensurável, denominado *subespaço mensurável de* $(X, \mathcal{A})$. Observe que $\mathcal{A}_Y$ é simplesmente a classe de todos os conjuntos $\mathcal{A}$-mensuráveis contidos em Y.

Definição 1.2 Seja $(X, \mathcal{A})$ um espaço mensurável. Uma *medida* em $(X, \mathcal{A})$ é uma função $\mu : \mathcal{A} \to [0, \infty]$ tal que $\mu(\emptyset) = 0$ e

$$\mu\left(\bigcup_{n=1}^{\infty} A_n\right) = \sum_{n=1}^{\infty} \mu(A_n),$$

para toda sequência $A_n \in \mathcal{A}$, $n = 1, 2, \ldots$, tal que $A_n \cap A_m = \emptyset$ se $n \neq m$.

Note a validade da seguintes propriedades:

- $A, B \in \mathcal{A}$, $A \subset B \Rightarrow \mu(A) \leq \mu(B)$;

- $A, B \in \mathcal{A}$, $A \subset B$, $\mu(A) < \infty \Rightarrow \mu(B \setminus A) = \mu(B) - \mu(A)$;

- Se $A_n \in \mathcal{A}$, $n = 1, 2, \ldots$, então $\mu\left(\bigcup_n A_n\right) \leq \sum_n \mu(A_n)$.

Talvez a única destas propriedades que requeira uma melhor análise é a última. Para tal observe que se definirmos a sequência

$$A_1^\bullet = A_1, \quad A_n^\bullet = A_n \setminus (A_1 \cup \cdots \cup A_{n-1}), \quad n \geq 2,$$

temos $A_n^\bullet \in \mathcal{A}$ para todo n, $A_n^\bullet \cap A_m^\bullet = \emptyset$ se $n \neq m$ e também $\bigcup_{n=1}^{\infty} A_n = \bigcup_{n=1}^{\infty} A_n^\bullet$. Deste modo

$$\mu\left(\bigcup_{n=1}^{\infty} A_n\right) = \mu\left(\bigcup_{n=1}^{\infty} A_n^\bullet\right) = \sum_{n=1}^{\infty} \mu(A_n^\bullet) \leq \sum_{n=1}^{\infty} \mu(A_n),$$

já que $A_n^\bullet \subset A_n$ para todo n.

Exemplo 1.3 Considere um conjunto não vazio X, tome $\mathcal{A} = \mathrm{P}(X)$ e defina $c : \mathrm{P}(X) \to [0, \infty]$ pela regra

$$c(A) = \begin{cases} |A| & \text{se } A \text{ é finito}, \\ \infty & \text{se } A \text{ é infinito}. \end{cases}$$

A medida c é chamada *medida de contagem* sobre X.

Exemplo 1.4 Considere $(X, \mathcal{A})$ um espaço mensurável e para $x_0 \in X$ fixado defina $\nu_{x_0} : \mathcal{A} \to [0, \infty]$ pela regra

$$\nu_{x_0}(A) = \begin{cases} 1 & \text{se } x_0 \in A, \\ 0 & \text{se } x_0 \notin A. \end{cases}$$

A medida ν_{x_0} é chamada *medida de Dirac em $\mathcal{A}$ concentrada em x_0*.

Exemplo 1.5 Considere um conjunto não vazio X, tome $\mathcal{A} = P(X)$ e defina $\Phi : P(X) \to [0, \infty]$ pela regra

$$\Phi(A) = \begin{cases} 0 & \text{se } A = \emptyset, \\ \infty & \text{se } A \neq \emptyset. \end{cases}$$

É também fácil de ver que Φ define uma medida em $(X, P(X))$.

Definimos finalmente um *espaço de medida* como sendo uma tripla $(X, \mathcal{A}, \mu)$ onde $(X, \mathcal{A})$ é um espaço mensurável e μ é uma medida em $(X, \mathcal{A})$. Se $Y \in \mathcal{A}$ então $\mu_Y \doteq \mu|_{\mathcal{A}_Y}$ denomina-se *medida induzida por μ em Y*. Note que assim obtemos um novo espaço de medida $(Y, \mathcal{A}_Y, \mu_Y)$.

Proposição 1.6 *Sejam $(X, \mathcal{A}, \mu)$ um espaço de medida e $A_n \in \mathcal{A}$, $n = 1, 2, \ldots$ satisfazendo $A_1 \subset A_2 \subset A_3 \subset \cdots$ Então*

$$\mu(A_n) \longrightarrow \mu\left(\bigcup_{n=1}^{\infty} A_n\right).$$

DEMONSTRAÇÃO: Como antes defina $A_1^\bullet = A_1$, $A_n^\bullet = A_n \setminus A_{n-1}$ se $n \geq 2$. Então $A_n = A_1^\bullet \cup \cdots \cup A_n^\bullet$, $A_n^\bullet \cap A_m^\bullet = \emptyset$ se $n \neq m$ e $\bigcup_{n=1}^{\infty} A_n^\bullet = \bigcup_{n=1}^{\infty} A_n$. Logo

$$\mu(A_n) = \sum_{j=1}^{n} \mu(A_j^\bullet) \longrightarrow \mu\left(\bigcup_{n=1}^{\infty} A_n^\bullet\right) = \mu\left(\bigcup_{n=1}^{\infty} A_n\right).$$

$\square$

Corolário 1.7 *Sejam $(X, \mathcal{A}, \mu)$ um espaço de medida e $B_n \in \mathcal{A}$, $n = 1, 2, \ldots$ satisfazendo $B_1 \supset B_2 \supset B_3 \supset \cdots$ e $\mu(B_1) < \infty$. Então*

$$\mu(B_n) \longrightarrow \mu\left(\bigcap_{n=1}^{\infty} B_n\right).$$

DEMONSTRAÇÃO: Defina $A_n = B_1 \setminus B_n$, $n \geq 1$. Pela Proposição 1.6

$$\mu(B_1 \setminus B_n) = \mu(A_n) \longrightarrow \mu\left(\bigcup_{n=1}^{\infty} A_n\right) = \mu\left(B_1 \setminus \bigcap_{n=1}^{\infty} B_n\right).$$

Como $\mu(B_1) < \infty$ isto é o mesmo que

$$\mu(B_1) - \mu(B_n) \longrightarrow \mu(B_1) - \mu\left(\bigcap_{n=1}^{\infty} B_n\right).$$

$\square$

Observação 1.8 A hipótese $\mu(B_1) < \infty$ é fundamental para a conclusão do Corolário 1.7. De fato se tomarmos, no Exemplo 1.5, $X = \mathbb{R}$ e $B_n =]0, 1/n[$ teremos $\Phi(B_n) = \infty$ mas $\Phi\left(\bigcap_{n=1}^{\infty} B_n\right) = \Phi(\emptyset) = 0$.

Passaremos agora ao estudo das chamadas funções mensuráveis.

Proposição 1.9 *Sejam $(X, \mathcal{A})$ um espaço mensurável e $f : X \to \mathbb{R}$. As seguintes propriedades são equivalentes:*

(1) $\{x \in X : f(x) \leq \alpha\} \in \mathcal{A}$, $\forall \alpha \in \mathbb{R}$;

(2) $\{x \in X : f(x) < \alpha\} \in \mathcal{A}$, $\forall \alpha \in \mathbb{R}$;

(3) $\{x \in X : f(x) \geq \alpha\} \in \mathcal{A}$, $\forall \alpha \in \mathbb{R}$;

(4) $\{x \in X : f(x) > \alpha\} \in \mathcal{A}$, $\forall \alpha \in \mathbb{R}$.

A demonstração desta proposição é uma simples consequência das identidades

$$\{x \in X : f(x) < \alpha\} = \bigcup_{n=1}^{\infty} \{x \in X : f(x) \leq \alpha - 1/n\},$$

$$X \setminus \{x \in X : f(x) < \alpha\} = \{x \in X : f(x) \geq \alpha\},$$

$$\{x \in X : f(x) > \alpha\} = \bigcup_{n=1}^{\infty} \{x \in X : f(x) \geq \alpha + 1/n\}.$$

Dizemos que $f : X \to \mathbb{R}$ é $\mathcal{A}$-*mensurável* se f satisfaz as propriedades equivalentes da Proposição 1.9. Note que se f é $\mathcal{A}$-mensurável então $f^{-1}(I) \in \mathcal{A}$ para todo intervalo* I de $\mathbb{R}$. Em particular $f^{-1}\{\alpha\} \in \mathcal{A}$, para todo $\alpha \in \mathbb{R}$.

Proposição 1.10 *Sejam* $(X, \mathcal{A})$ *um espaço mensurável,* $f, g : X \to \mathbb{R}$ *funções $\mathcal{A}$-mensuráveis e* $c \in \mathbb{R}$. *Então são $\mathcal{A}$-mensuráveis as funções* $f + g$, cf, fg.

DEMONSTRAÇÃO: Uma vez que $\mathbb{Q}$ é denso em $\mathbb{R}$ temos, para cada $\alpha \in \mathbb{R}$,

$$\{x \in X : f(x) + g(x) < \alpha\} = \{x \in X : f(x) < \alpha - g(x)\}$$
$$= \bigcup_{r \in \mathbb{Q}} \left(\{x \in X : f(x) < r\} \cap \{x \in X : r < \alpha - g(x)\}\right),$$

de onde segue que $f + g$ é $\mathcal{A}$-mensurável. É fácil ver que cf é $\mathcal{A}$-mensurável. Por outro lado temos

$$\{x \in X : f(x)^2 < \alpha\} = \emptyset$$

se $\alpha \leq 0$ e

$$\{x \in X : f(x)^2 < \alpha\} = \{x \in X : -\alpha^{1/2} < f(x) < \alpha^{1/2}\}$$

se $\alpha > 0$, o que mostra que f^2 é $\mathcal{A}$-mensurável. Finalmente, da identidade

$$fg = \frac{1}{2}\left[(f+g)^2 - f^2 - g^2\right]$$

segue que fg é $\mathcal{A}$-mensurável. $\square$

---

*Por um intervalo em $\mathbb{R}$ entendemos um conjunto $I \subset \mathbb{R}$ que satisfaz a seguinte propriedade: se $r, s \in I$, $r < s$ e se $r < t < s$ então $t \in I$.

Um espaço de medida $(X, \mathcal{A}, \mu)$ é dito *completo* se vale a seguinte propriedade:
$$A \in \mathcal{A}, \mu(A) = 0, B \subset A \Rightarrow B \in \mathcal{A}.$$

Proposição 1.11 *Sejam $(X, \mathcal{A}, \mu)$ um espaço de medida completo e $f : X \to \mathbb{R}$ uma função $\mathcal{A}$-mensurável. Se $g : X \to \mathbb{R}$ é tal que $B \doteq \{x \in X : f(x) \neq g(x)\} \in \mathcal{A}$ e $\mu(B) = 0$ então g é $\mathcal{A}$-mensurável.*

DEMONSTRAÇÃO: Temos

$$\{x \in X : g(x) > \alpha\}$$
$$= \underbrace{[\{x \in X : g(x) > \alpha\} \cap B]}_{B_1} \cup \underbrace{[\{x \in X : f(x) > \alpha\} \cap (X \setminus B)]}_{B_2}.$$

Como $(X, \mathcal{A}, \mu)$ é completo segue que $B_1 \in \mathcal{A}$. Como, também, f é $\mathcal{A}$-mensurável segue que $B_2 \in \mathcal{A}$. $\square$

Estudaremos agora sequências de funções mensuráveis.

Proposição 1.12 *Sejam $(X, \mathcal{A})$ um espaço mensurável e $f_k : X \to \mathbb{R}$ uma sequência de funções $\mathcal{A}$-mensuráveis. Se $\{f_k(x) : k \in \mathbb{N}\}$ for limitado superiormente (respectivamente inferiormente) para cada $x \in X$ então a função $\sup f_k$ (respectivamente $\inf f_k$) é $\mathcal{A}$-mensurável.*

DEMONSTRAÇÃO: Temos

$$\{x \in X : \sup f_k(x) > \alpha\} = \bigcup_{k=1}^{\infty} \{x \in X : f_k(x) > \alpha\},$$

o que mostra que $\sup f_k$ é $\mathcal{A}$-mensurável se cada f_k o for. Para a outra asserção basta notar que $\inf f_k = -\sup(-f_k)$. $\square$

Corolário 1.13 *Sejam $(X, \mathcal{A})$ um espaço mensurável e $f_k : X \to \mathbb{R}$ uma sequência de funções $\mathcal{A}$-mensuráveis tais que $\{f_k(x) : k \in \mathbb{N}\}$ é limitado para todo $x \in X$. Então são $\mathcal{A}$-mensuráveis as funções $\overline{\lim} f_k$ e $\underline{\lim} f_k$. Em particular, se existir $\lim f_k(x)$ para cada $x \in X$ então $\lim f_k$ é $\mathcal{A}$-mensurável.*

DEMONSTRAÇÃO: Temos:

$$\varliminf f_k(x) = \sup_n \left(\inf_{k \geq n} f_k(x) \right) \quad \text{e} \quad \varlimsup f_k(x) = \inf_n \left(\sup_{k \geq n} f_k(x) \right).$$

$\square$

Note que se $f : X \to \mathbb{R}$ é $\mathcal{A}$-mensurável então também o são as funções

$$f^+ = \sup\{f, 0\} \quad \text{e} \quad f^- = \sup\{-f, 0\}.$$

Note também que f^+, f^- são ≥ 0 e que $f = f^+ - f^-$, $|f| = f^+ + f^-$. Em particular $|f|$ também é $\mathcal{A}$-mensurável.

Seja $A \subset X$. A *função característica de A* é a função $\chi_A : X \to \mathbb{R}$ definida por $\chi_A(x) = 1$ se $x \in A$, $\chi_A(x) = 0$ se $x \notin A$. Note que χ_A é $\mathcal{A}$-mensurável se, e somente se, $A \in \mathcal{A}$.

Definição 1.14 Sejam $(X, \mathcal{A})$ um espaço mensurável e $\phi : X \to \mathbb{R}$. Dizemos que ϕ é uma *função simples* se ϕ for $\mathcal{A}$-mensurável e $\phi(X)$ é um subconjunto finito de $\mathbb{R}$.

Se $\phi : X \to \mathbb{R}$ é simples e se $\phi(X) = \{a_1, \ldots, a_m\}$ então $A_j \doteq \phi^{-1}(\{a_j\}) \in \mathcal{A}$, $j = 1, \ldots, m$, e

$$(1.1) \qquad X = \bigcup_{j=1}^m A_j \quad \text{e} \quad \phi = \sum_{j=1}^m a_j \chi_{A_j}.$$

Esta representação de ϕ é chamada *representação canônica de ϕ*. Assim, uma função é simples se, e somente se, ela é uma combinação linear de funções características $\mathcal{A}$-mensuráveis. Note que uma função simples pode ser representada por diferentes tais combinações. Sua representação canônica, contudo, é única.

Proposição 1.15 *Sejam $(X, \mathcal{A})$ um espaço mensurável e $f : X \to \mathbb{R}$ uma função $\mathcal{A}$-mensurável e limitada. Então existe uma sequência uniformemente limitada de funções simples $\phi_n : X \to \mathbb{R}$, $\phi_n \leq f$ para todo n, satisfazendo $\phi_n(x) \to f(x)$, $x \in X$.*

DEMONSTRAÇÃO: Seja $M > 0$ tal que $|f(x)| \le M$ para $x \in X$. Para cada $n \in \mathbb{N}$ fixado e cada $-n \le k \le n$ definimos

$$A_k \doteq \left\{ x \in X : \frac{(k-1)M}{n} < f(x) \le \frac{kM}{n} \right\}.$$

Note que $A_k \in \mathcal{A}$, $A_k \cap A_p = \emptyset$ se $k \ne p$ e $X = \bigcup_k A_k$. Definimos

$$\phi_n(x) = \frac{M}{n} \sum_{k=-n}^{n} (k-1)\chi_{A_k}, \quad n \in \mathbb{N}.$$

Note que $-2M \le \phi_n(x) \le f(x)$ e $f(x) - \phi_n(x) \le M/n$ para todo $x \in X$ e todo n. Isto demonstra a proposição. $\square$

Estamos agora preparados para desenvolver a teoria abstrata da integração. A partir de agora fixaremos um *espaço de medida finita* $(X, \mathcal{A}, \mu)$, isto é, um espaço de medida em que $\mu(X) < \infty$. Dada uma função simples $\phi : X \to \mathbb{R}$, com representação canônica (1.1), definimos sua *integral com relação a μ* como sendo o número real

$$(1.2) \qquad \int_X \phi(x)\,\mathrm{d}\mu(x) = \int_X \phi\,\mathrm{d}\mu = \sum_{j=1}^{m} a_j \mu(A_j).$$

Para estudar as propriedades desta integral iniciamos com o seguinte lema:

Lema 1.16 *Seja ϕ uma função simples escrita na forma*

$$\phi = \sum_{k=1}^{N} c_k \chi_{E_k}$$

onde $E_k \in \mathcal{A}$ são tais que $E_k \cap E_p = \emptyset$ se $k \ne p$ e $X = \bigcup_{k=1}^{N} E_k$. Então

$$\int_X \phi(x)\,\mathrm{d}\mu(x) = \sum_{k=1}^{N} c_k \mu(E_k).$$

DEMONSTRAÇÃO: Sejam $\phi(X) = \{a_1, \ldots, a_m\}$ e $A_j = \phi^{-1}(a_j)$. Temos $A_j = \bigcup_{k=1}^{N}(A_j \cap E_k)$ e $a_j = c_k$ se $A_j \cap E_k \neq \emptyset$. Então

$$a_j \mu(A_j) = \sum_{k=1}^{N} c_k \mu(A_j \cap E_k)$$

e, portanto,

$$\sum_{j=1}^{m} a_j \mu(A_j) = \sum_{j=1}^{m} \sum_{k=1}^{N} c_k \mu(A_j \cap E_k) = \sum_{k=1}^{N} c_k \mu(E_k),$$

o que prova o resultado. $\square$

Proposição 1.17 *Sejam $\phi, \psi : X \to \mathbb{R}$ funções simples e $c \in \mathbb{R}$. Então*

$$\int_X (c\phi(x) + \psi(x)) \, \mathrm{d}\mu(x) = c \int_X \phi(x) \, \mathrm{d}\mu(x) + \int_X \psi(x) \, \mathrm{d}\mu(x).$$

Se, ainda, $\phi \leq \psi$ então

$$\int_X \phi(x) \, \mathrm{d}\mu(x) \leq \int_X \psi(x) \, \mathrm{d}\mu(x).$$

Em particular

$$\int_X \phi(x) \, \mathrm{d}\mu(x) \leq (\sup \phi) \mu(X).$$

DEMONSTRAÇÃO: Sejam

$$\phi = \sum_{j=1}^{m} a_j \chi_{A_j} \quad \text{e} \quad \psi = \sum_{k=1}^{n} b_k \chi_{B_k}$$

as representações canônicas de ϕ e ψ respectivamente. Logo podemos escrever

$$\phi = \sum_{j,k} a_{jk} \chi_{A_j \cap B_k} \quad \text{e} \quad \psi = \sum_{j,k} b_{jk} \chi_{A_j \cap B_k}.$$

Como então
$$c\phi + \psi = \sum_{jk} (ca_{jk} + b_{jk}) \chi_{A_j \cap B_k},$$

a primeira afirmação segue do Lema 1.16. Além disto, temos $\phi \leq \psi$ se, e somente se, $a_{jk} \leq b_{jk}$ para todos j e k. Logo, novamente pelo Lema 1.16, segue que $\int_X \phi(x) \, \mathrm{d}\mu(x) \leq \int_X \psi(x) \, \mathrm{d}\mu(x)$ se $\phi \leq \psi$, o que conclui a demonstração. $\square$

Observe então que, como consequência da Proposição 1.17, se $(X, \mathcal{A}, \mu)$ é um espaço de medida finita e se $A_1, \ldots, A_N \in \mathcal{A}$, $a_1, \ldots, a_N \in \mathbb{R}$ são arbitrários então

$$\phi = \sum_{j=1}^N a_j \chi_{A_j} \Rightarrow \int_X \phi(x) \, \mathrm{d}\mu(x) = \sum_{j=1}^N a_j \mu(A_j).$$

Vamos agora demonstrar o resultado central da teoria.

Teorema 1.18 *Seja $(X, \mathcal{A}, \mu)$ um espaço de medida finita e seja $f : X \to \mathbb{R}$ uma função limitada. Se f é $\mathcal{A}$-mensurável então*

(1.3) $\sup \left\{ \int_X \phi \, \mathrm{d}\mu : \phi \text{ simples}, \phi \leq f \right\}$
$$= \inf \left\{ \int_X \psi \, \mathrm{d}\mu : \psi \text{ simples}, \psi \geq f \right\},$$

e a recíproca é verdadeira se $(X, \mathcal{A}, \mu)$ é um espaço de medida completo.

DEMONSTRAÇÃO: Iniciamos tomando a mesma decomposição utilizada para a demonstração da Proposição 1.15. Seja $M > 0$ tal que $|f(x)| \leq M$ para $x \in X$. Para cada $n \in \mathbb{N}$ fixado e cada $-n \leq k \leq n$ tomamos

$$A_k \doteq \left\{ x \in X : \frac{(k-1)M}{n} < f(x) \leq \frac{kM}{n} \right\}.$$

Então, como antes, $A_k \in \mathcal{A}$, $A_k \cap A_p = \emptyset$ se $k \neq p$ e $X = \bigcup_k A_k$. Em particular

$$\mu(X) = \sum_{k=-n}^n \mu(A_k).$$

Sejam então

$$\psi_n(x) = \frac{M}{n} \sum_{k=-n}^{n} k\chi_{A_k} \quad \text{e} \quad \phi_n(x) = \frac{M}{n} \sum_{k=-n}^{n} (k-1)\chi_{A_k}.$$

Uma vez que $\phi_n \leq f \leq \psi_n$ obtemos

$$Q_1 \doteq \sup\left\{\int_X \phi \, d\mu : \phi \text{ simples}, \phi \leq f\right\} \geq \frac{M}{n} \sum_{k=-n}^{n} (k-1)\mu(A_k),$$

$$Q_2 \doteq \inf\left\{\int_X \psi \, d\mu : \psi \text{ simples}, \psi \geq f\right\} \leq \frac{M}{n} \sum_{k=-n}^{n} k\mu(A_k)$$

e, portanto,

$$0 \leq Q_2 - Q_1 \leq \frac{M\mu(X)}{n}.$$

Fazendo $n \to \infty$ concluímos a validade de (1.3), isto é, $Q_1 = Q_2$.

Reciprocamente, vamos assumir (1.3) e mostrar que f é mensurável se $(X, \mathcal{A}, \mu)$ for um espaço de medida completo.

Para cada n existem ϕ_n e ψ_n funções simples tais que $\phi_n \leq f \leq \psi_n$ e

$$\int_X \psi_n \, d\mu - \int_X \phi_n \, d\mu \leq \frac{1}{n}.$$

Pela Proposição 1.12 são $\mathcal{A}$-mensuráveis as funções

$$\phi^\star \doteq \sup_n \phi_n \quad \text{e} \quad \psi^\star \doteq \inf_n \psi_n,$$

e ainda $\phi^\star \leq f \leq \psi^\star$. Assim, em virtude da Proposição 1.11, basta mostrar que

$$A^\star \doteq \{x \in X : \psi^\star(x) \neq f(x)\}$$

pertence a $\mathcal{A}$ e que $\mu(A^\star) = 0$. Como

$$A^\star \subset \{x \in X : \psi^\star(x) - \phi^\star(x) > 0\}$$

então é suficiente verificar que

(1.4) $$\mu\left(\{x \in X : \psi^\star(x) - \phi^\star(x) > 0\}\right) = 0.$$

Mas

$$\{x \in X : \psi^\star(x) - \phi^\star(x) > 0\} = \bigcup_{k=1}^{\infty} \underbrace{\{x \in X : \psi^\star(x) - \phi^\star(x) > 1/k\}}_{\Delta_k}$$

e, para todo n,

$$\Delta_k \subset \Delta_k^n \doteq \{x \in X : \psi_n(x) - \phi_n(x) > 1/k\}.$$

Como

$$\frac{1}{k}\chi_{\Delta_k^n} \leq \chi_{\Delta_k^n}(\psi_n - \phi_n),$$

temos

$$\frac{\mu(\Delta_k^n)}{k} = \frac{1}{k}\int_X \chi_{\Delta_k^n}\,d\mu \leq \int_X \chi_{\Delta_k^n}(\psi_n - \phi_n)\,d\mu \leq \int_X (\psi_n - \phi_n)\,d\mu \leq \frac{1}{n},$$

isto é, $\mu(\Delta_k) \leq k/n$ para todos k e n. Fazendo $n \to \infty$ concluímos que $\mu(\Delta_k) = 0$, de onde segue (1.4). $\square$

Definição 1.19 Se $(X, \mathcal{A}, \mu)$ é um espaço de medida finita e se $f : X \to \mathbb{R}$ é $\mathcal{A}$-mensurável e limitada definimos a *integral de f com relação à medida μ* pela expressão

$$\int_X f(x)\,d\mu(x) = \int_X f\,d\mu = \sup\left\{\int_X \phi\,d\mu : \phi \text{ simples}, \phi \leq f\right\}.$$

Não é demais enfatizar a consistência desta definição quando a função f é, ela mesmo, uma função simples.

Nosso próximo resultado fornece as propriedade básicas da integral com relação a μ. No seu enunciado utilizaremos a seguinte nomenclatura: dizemos que uma propriedade P vale *μ-quase sempre* (e abreviaremos μ-q.s.) se o conjunto $A = \{x \in X : P(x) \text{ é falsa}\}$ é $\mathcal{A}$-mensurável e tem medida μ igual a zero.

Proposição 1.20 *Sejam* $(X, \mathcal{A}, \mu)$ *um espaço de medida finita,* $f, g : X \to \mathbb{R}$ *funções $\mathcal{A}$-mensuráveis e limitadas e* $c \in \mathbb{R}$. *Então*

(i) $$\int_X cf \, \mathrm{d}\mu = c \int_X f \, \mathrm{d}\mu;$$

(ii) $$\int_X (f + g) \, \mathrm{d}\mu = \int_X f \, \mathrm{d}\mu + \int_X g \, \mathrm{d}\mu;$$

(iii) $$f = g \ \mu\text{-q.s.} \Rightarrow \int_X f \, \mathrm{d}\mu = \int_X g \, \mathrm{d}\mu;$$

(iv) $$f \leq g \ \mu\text{-q.s.} \Rightarrow \int_X f \, \mathrm{d}\mu \leq \int_X g \, \mathrm{d}\mu;$$

(v) $$A \leq f \leq B \Rightarrow A\mu(X) \leq \int_X f \, \mathrm{d}\mu \leq B\mu(X);$$

(vi) $$\left| \int_X f \, \mathrm{d}\mu \right| \leq \int_X |f| \, \mathrm{d}\mu.$$

DEMONSTRAÇÃO: Suponha primeiramente $c > 0$. Então

$$\int_X cf \, \mathrm{d}\mu = \sup \left\{ \int_X \phi \, \mathrm{d}\mu : \phi \text{ simples}, \phi \leq cf \right\}$$
$$= \sup \left\{ \int_X c\phi \, \mathrm{d}\mu : \phi \text{ simples}, \phi \leq f \right\}$$
$$= \sup \left\{ c \int_X \phi \, \mathrm{d}\mu : \phi \text{ simples}, \phi \leq f \right\}$$
$$= c \sup \left\{ \int_X \phi \, \mathrm{d}\mu : \phi \text{ simples}, \phi \leq f \right\}$$
$$= c \int_X f \, \mathrm{d}\mu.$$

Por outro lado,

$$\int_X (-f) \, \mathrm{d}\mu = \sup \left\{ \int_X \phi \, \mathrm{d}\mu : \phi \text{ simples}, \phi \leq -f \right\}$$
$$= \sup \left\{ \int_X (-\psi) \, \mathrm{d}\mu : \psi \text{ simples}, \psi \geq f \right\}$$
$$= \sup \left\{ -\int_X \psi \, \mathrm{d}\mu : \psi \text{ simples}, \psi \geq f \right\}$$

$$= -\inf\left\{\int_X \psi\,\mathrm{d}\mu : \psi \text{ simples}, \psi \geq f\right\}$$
$$= -\int_X f\,\mathrm{d}\mu.$$

Estes dois fatos combinados mostram (i). Mostraremos agora (ii). Sejam ϕ, $\tilde{\phi}$ funções simples, $\phi \leq f$, $\tilde{\phi} \leq g$. Então $\phi + \tilde{\phi}$ é uma função simples e $\phi + \tilde{\phi} \leq f + g$, de onde obtemos

$$\int_X \phi\,\mathrm{d}\mu + \int_X \tilde{\phi}\,\mathrm{d}\mu = \int_X (\phi + \tilde{\phi})\,\mathrm{d}\mu \leq \int_X (f+g)\,\mathrm{d}\mu.$$

Tomando o supremo entre todas tais ϕ e $\tilde{\phi}$ vem

$$\int_X f\,\mathrm{d}\mu + \int_X g\,\mathrm{d}\mu \leq \int_X (f+g)\,\mathrm{d}\mu.$$

Para se obter a desigualdade contrária poderíamos, certamente, proceder analogamente, tomando agora ψ, $\tilde{\psi}$ funções simples, $\psi \geq f$, $\tilde{\psi} \geq g$. Há, entretanto, um argumento direto. Pela desigualdade já estabelecida,

$$\int_X (f+g)\,\mathrm{d}\mu + \int_X (-g)\,\mathrm{d}\mu \leq \int_X (f+g-g)\,\mathrm{d}\mu = \int_X f\,\mathrm{d}\mu$$

e portanto, por (i),

$$\int_X (f+g)\,\mathrm{d}\mu - \int_X g\,\mathrm{d}\mu \leq \int_X f\,\mathrm{d}\mu.$$

Suponha agora que $h : X \to \mathbb{R}$ seja uma função $\mathcal{A}$-mensurável, $|h| \leq M$ e suponha ainda que $h = 0$ μ-q.s. Seja $A = \{x \in X : h(x) \neq 0\}$. Então $\mu(A) = 0$. Como $\phi = -M\chi_A$, $\psi = M\chi_A$ são funções simples e $\phi \leq h \leq \psi$ obtemos

$$\int_X \phi\,\mathrm{d}\mu \leq \int_X h\,\mathrm{d}\mu \leq \int_X \psi\,\mathrm{d}\mu,$$

o que implica
$$\int_X h\,\mathrm{d}\mu = 0.$$

Isto demonstra (iii) e o mesmo argumento também demonstra (iv). Note ainda que (v) segue de (iv).

Finalmente temos $\pm f \leq |f|$ e portanto, de (i) e (iv),
$$\pm \int_X f\,\mathrm{d}\mu \leq \int_X |f|\,\mathrm{d}\mu,$$
o que demonstra (vi). □

Seja $(X, \mathcal{A}, \mu)$ um espaço de medida finita e $Y \in \mathcal{A}$. Se $f : X \to \mathbb{R}$ é uma função $\mathcal{A}$-mensurável e limitada então $f|_Y : Y \to \mathbb{R}$ é $\mathcal{A}_Y$-mensurável e limitada e é fácil ver que
$$\int_Y f\,\mathrm{d}\mu \doteq \int_Y (f|_Y)\,\mathrm{d}\mu_Y = \int_X \chi_Y f\,\mathrm{d}\mu.$$

Note também que se $Y, Z \in \mathcal{A}$ são disjuntos então
$$\int_{Y \cup Z} f\,\mathrm{d}\mu = \int_Y f\,\mathrm{d}\mu + \int_Z f\,\mathrm{d}\mu.$$

Finalizaremos este capítulo estudando o comportamento da integral abstrata com relação a sequências de funções mensuráveis. Iniciamos com um resultado auxiliar.

Lema 1.21 *Sejam $(X, \mathcal{A}, \mu)$ um espaço de medida finita e $f_n : X \to \mathbb{R}$, $n = 1, 2, \ldots$, funções $\mathcal{A}$-mensuráveis. Suponha que $\lim_n f_n(x)$ exista para cada $x \in X$ e seja $f \doteq \lim_n f_n$. Então dados $\varepsilon > 0$, $\delta > 0$ existem $A \in \mathcal{A}$, $\mu(A) < \delta$, e $n_0 \in \mathbb{N}$ tais que*
$$n \geq n_0,\ x \in X \setminus A \ \Rightarrow\ |f_n(x) - f(x)| < \varepsilon.$$

DEMONSTRAÇÃO: Pelo Corolário 1.13 sabemos que f é $\mathcal{A}$-mensurável. Fixado $\varepsilon > 0$ definimos

$$G_n \doteq \{x \in X : |f_n(x) - f(x)| \geq \varepsilon\} \quad \text{e} \quad A_j \doteq \bigcup_{n=j}^{\infty} G_n.$$

Então

$$A_j \in \mathcal{A}, \quad A_j \supset A_{j+1} \quad \text{e} \quad \bigcap_j A_j = \emptyset,$$

uma vez que $f_n \to f$ pontualmente. Pelo Corolário 1.7 temos $\mu(A_j) \to 0$. Observando que

$$X \setminus A_j = \bigcap_{n=j}^{\infty} (X \setminus G_n) = \{x \in X : |f_n(x) - f(x)| < \varepsilon \text{ para todo } n \geq j\},$$

basta então escolher j_0 tal que $\mu(A_{j_0}) < \delta$ e tomar $n_0 = j_0$, $A = A_{j_0}$. $\square$

Teorema da Convergência Limitada. *Sejam $(X, \mathcal{A}, \mu)$ um espaço de medida finita e $f_n : X \to \mathbb{R}$, $n = 1, 2, \ldots$, uma sequência de funções $\mathcal{A}$-mensuráveis tais que, para algum $M > 0$, temos $|f_n(x)| \leq M$ para todo $x \in X$ e todo $n \in \mathbb{N}$. Se $f_n \to f$ pontualmente em X então*

$$\int_X f_n \, \mathrm{d}\mu \to \int_X f \, \mathrm{d}\mu.$$

DEMONSTRAÇÃO: Seja $\varepsilon > 0$. Pelo Lema 1.21 podemos escolher $A \in \mathcal{A}$ com $\mu(A) \leq \varepsilon/4M$ e $n_0 \in \mathbb{N}$ tais que

$$n \geq n_0, \; x \in X \setminus A \; \Rightarrow \; |f_n(x) - f(x)| \leq \frac{\varepsilon}{2\mu(X)}.$$

Observando que $|f_n - f| \leq 2M$ obtemos, para $n \geq n_0$,

$$\left| \int_X f_n \, \mathrm{d}\mu - \int_X f \, \mathrm{d}\mu \right| \leq \int_X |f_n - f| \, \mathrm{d}\mu$$

$$= \int_A |f_n - f| \, \mathrm{d}\mu + \int_{X \setminus A} |f_n - f| \, \mathrm{d}\mu$$

$$\leq 2M\mu(A) + \frac{\varepsilon}{2\mu(X)}\mu(X \setminus A)$$
$$\leq \frac{\varepsilon}{2} + \frac{\varepsilon}{2} = \varepsilon.$$

□

Para concluir apresentamos uma aplicação do Teorema da Convergência Limitada que mostra como obter novas medidas a partir de funções não negativas.

Proposição 1.22 *Sejam $(X, \mathcal{A}, \mu)$ um espaço de medida finita e $f : X \to \mathbb{R}$ uma função $\mathcal{A}$-mensurável e limitada. Se $f \geq 0$ então a aplicação*

$$\mathcal{A} \ni A \mapsto \int_A f(x) \, d\mu(x)$$

é uma medida (finita) sobre $\mathcal{A}$.

DEMONSTRAÇÃO: Se $A_n \in \mathcal{A}$, $n = 1, 2, \ldots$, é uma sequência com $A_n \cap A_m = \emptyset$ se $n \neq m$, então

$$\lim_{p \to \infty} \sum_{n=1}^{p} \int_{A_n} f(x) \, d\mu(x) = \lim_{p \to \infty} \int_X \sum_{n=1}^{p} (\chi_{A_n} f)(x) \, d\mu(x)$$
$$= \int_X \sum_{n=1}^{\infty} (\chi_{A_n} f)(x) \, d\mu(x)$$
$$= \int_{\bigcup_n A_n} f(x) \, d\mu(x).$$

□

2

A Medida e a Integral de Lebesgue

Lembramos que um subconjunto I de $\mathbb{R}$ é um intervalo se vale a seguinte propriedade: se $r, s \in I$, $r < s$ e se $r < t < s$ então $t \in I$. Se I é um intervalo limitado definimos seu *comprimento* como sendo o número

$$\mathsf{L}(I) = \sup I - \inf I.$$

Se I for não limitado convencionamos $\mathsf{L}(I) = \infty$ e se $I = \emptyset$ pomos $\mathsf{L}(I) = 0$.

Um *intervalo em* $\mathbb{R}^N$ é um conjunto da forma $I = I^{(1)} \times \cdots \times I^{(N)}$, onde $I^{(j)}$ são intervalos em $\mathbb{R}$. Se I é um intervalo de $\mathbb{R}^N$ definimos seu *volume* pela expressão

$$\mathsf{Vol}(I) = \mathsf{L}(I^{(1)}) \cdots \mathsf{L}(I^{(N)}) \in [0, \infty].$$

Convencionamos $\mathsf{Vol}(I) = 0$ se $\mathsf{L}(I^{(j)}) = 0$ para algum $j \in \{1, \ldots, N\}$.

Seja $A \in \mathsf{P}(\mathbb{R}^N)$. A *medida exterior de* A é, por definição,

$$\mathsf{m}^*(A) = \inf \left\{ \sum_n \mathsf{Vol}(I_n) : A \subset \bigcup_n I_n, \text{ cada } I_n \text{ intervalo aberto em } \mathbb{R}^N \right\},$$

com a convenção $\mathsf{m}^*(A) = \infty$ se o conjunto em o conjunto acima é da forma $\{\infty\}$.

Estudaremos agora as propriedades da função $\mathsf{m}^* : \mathsf{P}(\mathbb{R}^N) \to [0, \infty]$. Nosso principal objetivo será a construção da σ-álgebra $\mathcal{M}(\mathbb{R}^N) \subset \mathsf{P}(\mathbb{R}^N)$

dos conjuntos *Lebesgue-mensuráveis*, de tal forma que m* restrita a $\mathcal{M}(\mathbb{R}^N)$ é uma medida, a chamada *medida de Lebesgue*.

Primeiramente observemos os seguintes fatos elementares:

- m*($\emptyset$) = 0;

- $A, B \in P(\mathbb{R}^N)$, $A \subset B \Rightarrow$ m*$(A) \leq$ m*(B).

Proposição 2.1 *Se I é um intervalo em $\mathbb{R}^N$ então*

(2.1) $$\text{Vol}(I) = \text{m}^*(I).$$

Também, se $A_n \in P(\mathbb{R}^N)$, $n = 1, 2, \ldots$, então

(2.2) $$\text{m}^*\left(\bigcup_{n=1}^\infty A_n\right) \leq \sum_{n=1}^\infty \text{m}^*(A_n).$$

O passo central para a demonstração de (2.1) é o seguinte resultado:

Lema 2.2 *Sejam $I, I_1, \ldots, I_n$ intervalos limitados em $\mathbb{R}^N$ tais que $I \subset I_1 \cup \cdots \cup I_n$. Então*
$$\text{Vol}(I) \leq \sum_{j=1}^n \text{Vol}(I_j).$$

DEMONSTRAÇÃO: Dado um subconjunto limitado A em $\mathbb{R}^N$ definimos $\lambda(A) = |A \cap \mathbb{Z}^N|$. Note as seguintes propriedades:

- Se $A \subset B$ são limitados em $\mathbb{R}^N$ então $\lambda(A) \leq \lambda(B)$;

- Se A e B são limitados em $\mathbb{R}^N$ então $\lambda(A \cup B) \leq \lambda(A) + \lambda(B)$;

- Se $I = I^{(1)} \times \cdots \times I^{(N)}$ é um intervalo limitado em $\mathbb{R}^N$ então $\lambda(I) = \lambda(I^{(1)}) \cdots \lambda(I^{(N)})$.

Seja agora J um intervalo limitado em $\mathbb{R}$. Se $a = \inf J$, $b = \sup J$ e se $[x]$ denota a parte inteira do número real x então teremos, se $a \in \mathbb{Z}$,

$$\lambda(J) \leq \lambda([a, [b] + 1 [) = [b] - a + 1 \leq b - a + 1,$$

enquanto que, se $a \notin \mathbb{Z}$,

$$\lambda(J) \leq \lambda(][a], [b] + 1[) = [b] - [a] \leq b - a + 1.$$

Analogamente,
$$\lambda(J) \geq b - a - 1,$$
e assim podemos escrever
$$\sup J - \inf J - 1 \leq \lambda(J) \leq \sup J - \inf J + 1.$$

Se $J = J^{(1)} \times \cdots \times J^{(N)}$ é um intervalo limitado de $\mathbb{R}^N$, com $\sup J^{(k)} - \inf J^{(k)} \geq 1$ para todo k, temos portanto

$$\prod_{k=1}^{N}(\sup J^{(k)} - \inf J^{(k)} - 1) \leq \lambda(J) \leq \prod_{k=1}^{N}(\sup J^{(k)} - \inf J^{(k)} + 1).$$

Após estas considerações retornamos à demonstração do Lema 2.2 (em que podemos assumir $\mathsf{Vol}(I) > 0$). Para $t > 0$ temos $tI \subset tI_1 \cup \cdots \cup tI_n$. Escrevendo

$$I = I^{(1)} \times \cdots \times I^{(N)}, \quad I_j = I_j^{(1)} \times \cdots \times I_j^{(N)}, \quad j = 1, \ldots, n,$$

o argumento acima mostra que para $t \geq t_0$, onde t_0 é tomado grande o suficiente,

$$\prod_{k=1}^{N}(t \sup I^{(k)} - t \inf I^{(k)} - 1) \leq \sum_{j=1}^{n} \left(\prod_{k=1}^{N}(t \sup I_j^{(k)} - t \inf I_j^{(k)} + 1) \right).$$

Dividindo por t^N e tomando $t \to \infty$ obtemos a conclusão do Lema 2.2. $\square$

DEMONSTRAÇÃO DA PROPOSIÇÃO 2.1: Vamos primeiramente tratar do caso em que I é limitado. É fácil ver que $\mathsf{m}^*(I) \leq \mathsf{Vol}(I)$: de fato, dado $\varepsilon > 0$ tomemos I_n, $n = 1, 2, \ldots$, de tal forma que I_1 é um intervalo aberto contendo I com $\mathsf{Vol}(I_1) = \mathsf{Vol}(I) + \varepsilon$ e $I_n = \emptyset$ se $n \geq 2$. Então, por definição, $\mathsf{m}^*(I) \leq \mathsf{Vol}(I) + \varepsilon$, com $\varepsilon > 0$ arbitrário.

Para demonstrarmos a desigualdade na outra direção suponhamos primeiramente que I seja compacto. Seja então $\varepsilon > 0$ e tomemos uma sequência de intervalos abertos I_m tais que

$$I \subset \bigcup_m I_m \quad \text{e} \quad \sum_m \mathsf{Vol}(I_m) \leq \mathsf{m}^*(I) + \varepsilon.$$

Como I é compacto existe $n \in \mathbb{N}$ tal que $I \subset I_1 \cup \cdots \cup I_n$. Assim, pelo Lema 2.2 podemos escrever

$$\mathsf{Vol}(I) \leq \sum_{m=1}^n \mathsf{Vol}(I_m) \leq \sum_m \mathsf{Vol}(I_m) \leq \mathsf{m}^*(I) + \varepsilon.$$

Como $\varepsilon > 0$ é arbitrário temos então que $\mathsf{Vol}(I) \leq \mathsf{m}^*(I)$, o demonstra (2.1) quando I é compacto.

Agora, se I é limitado e se $\varepsilon > 0$ existe $I_\varepsilon \subset I$ compacto tal que $\mathsf{Vol}(I) \leq \mathsf{Vol}(I_\varepsilon) + \varepsilon$. Logo

$$\mathsf{Vol}(I) \leq \mathsf{Vol}(I_\varepsilon) + \varepsilon = \mathsf{m}^*(I_\varepsilon) + \varepsilon \leq \mathsf{m}^*(I) + \varepsilon.$$

Como $\varepsilon > 0$ é arbitrário segue que $\mathsf{Vol}(I) \leq \mathsf{m}^*(I)$, o que demonstra (2.1) no caso I limitado.

Se I é não limitado com $\mathsf{Vol}(I) = \infty$ então I conterá intervalos limitados com volume arbitrariamente grandes, o que implica $\mathsf{m}^*(I) = \infty$. Se I é não limitado mas com volume nulo então podemos assumir que, após uma possível permutação das coordenadas, que I está contido em um intervalo da forma $\{x_0\} \times \mathbb{R}^{N-1}$. Seja $\varepsilon > 0$ e tomemos $I_n =]x_0 - 2^{-2n}\varepsilon, x_0 + 2^{-2n}\varepsilon[\times J_n$, onde J_n, $n = 1, 2, \ldots$, é uma sequência de intervalos abertos em $\mathbb{R}^{N-1}$ satisfazendo

$$\mathbb{R}^{N-1} = \bigcup_{n=1}^\infty J_n \quad \text{e} \quad \mathsf{Vol}(J_n) = 2^{n-1}.$$

Então

$$\mathsf{m}^*\left(\{x_0\} \times \mathbb{R}^{N-1}\right) \leq \sum_{n=1}^\infty \frac{\varepsilon}{2^{2n-1}} 2^{n-1} = \varepsilon \sum_{n=1}^\infty \frac{1}{2^n} = \varepsilon.$$

A demonstração de (2.1) está completa. Para a demonstração de (2.2) podemos assumir que $\mathsf{m}^*(A_n) < \infty$ para todo $n \in \mathbb{N}$. Dado $\varepsilon > 0$ podemos, para cada $n \in \mathbb{N}$, determinar uma sequência de intervalos abertos $I_{n,k}$, $k = 1, 2, \ldots$, tal que

$$A_n \subset \bigcup_{k=1}^\infty I_{n,k} \quad \text{e} \quad \sum_{k=1}^\infty \mathsf{Vol}(I_{n,k}) \leq \mathsf{m}^*(A_n) + \frac{\varepsilon}{2^n}.$$

Mas então
$$\bigcup_{n=1}^{\infty} A_n \subset \bigcup_{n,k=1}^{\infty} I_{n,k},$$
e portanto
$$\mathsf{m}^*\left(\bigcup_{n=1}^{\infty} A_n\right) \leq \sum_{n,k=1}^{\infty} \mathsf{Vol}\,(I_{n,k}) \leq \sum_{n=1}^{\infty} \mathsf{m}^*(A_n) + \varepsilon.$$

Como $\varepsilon > 0$ é arbitrário, segue (2.2), o que conclui a demonstração. □

Definição 2.3 Um subconjunto A de $\mathbb{R}^N$ é *Lebesgue-mensurável* se satisfaz a seguinte propriedade:

(2.3) $\quad \mathsf{m}^*(B) = \mathsf{m}^*(B \cap A) + \mathsf{m}^*(B \cap (\mathbb{R}^N \setminus A)), \quad \forall B \in \mathrm{P}(\mathbb{R}^N).$

Um vez que $B = (B \cap A) \cup (B \cap (\mathbb{R}^N \setminus A))$, pela Proposição 2.1 segue que $A \in \mathrm{P}(\mathbb{R}^N)$ é Lebesgue-mensurável se, e somente se,

(2.4) $\quad \mathsf{m}^*(B) \geq \mathsf{m}^*(B \cap A) + \mathsf{m}^*(B \cap (\mathbb{R}^N \setminus A)), \quad \forall B \in \mathrm{P}(\mathbb{R}^N).$

Denotaremos por $\mathcal{M}(\mathbb{R}^N)$ a classe de todos os subconjuntos Lebesgue-mensuráveis de $\mathbb{R}^N$. O seguinte resultado é fundamental.

Teorema 2.4 $\mathcal{M}(\mathbb{R}^N)$ *é uma σ-álgebra de subconjuntos de $\mathbb{R}^N$ e $\mathsf{m} \doteq \mathsf{m}^*|_{\mathcal{M}(\mathbb{R}^N)}$ é uma medida, denominada medida de Lebesgue em $\mathbb{R}^N$. Além disso, $(\mathbb{R}^N, \mathcal{M}(\mathbb{R}^N), \mathsf{m})$ é um espaço de medida completo.*

DEMONSTRAÇÃO: É muito fácil ver que $A \in \mathcal{M}(\mathbb{R}^N)$ implica $\mathbb{R}^N \setminus A \in \mathcal{M}(\mathbb{R}^N)$ e que $\mathsf{m}^*(A) = 0$ implica $A \in \mathcal{M}(\mathbb{R}^N)$. Em particular, $\{\emptyset, \mathbb{R}^N\} \subset \mathcal{M}(\mathbb{R}^N)$. Temos então que mostrar dois fatos:

(2.5) $\quad A_n \in \mathcal{M}(\mathbb{R}^N),\ n = 1, 2, \ldots \ \Rightarrow\ \bigcup_{n=1}^{\infty} A_n \in \mathcal{M}(\mathbb{R}^N);$

(2.6) $\quad A_n \in \mathcal{M}(\mathbb{R}^N),\ n = 1, 2, \ldots$ dois a dois disjuntos
$$\Rightarrow\ \mathsf{m}^*\left(\bigcup_{n=1}^{\infty} A_n\right) = \sum_{n=1}^{\infty} \mathsf{m}^*(A_n).$$

As demonstrações de (2.5) e (2.6) serão feitas através de vários passos.

(i) $A_1, A_2 \in \mathcal{M}(\mathbb{R}^N) \Rightarrow A_1 \cup A_2 \in \mathcal{M}(\mathbb{R}^N)$.
De fato, se $B \in P(\mathbb{R}^N)$,

$$\text{m}^*[B \cap (A_1 \cup A_2)] + \text{m}^*[B \cap (\mathbb{R}^N \setminus (A_1 \cup A_2))]$$
$$\leq \text{m}^*[B \cap A_1] + \text{m}^*[B \cap A_2 \cap (\mathbb{R}^N \setminus A_1)]$$
$$+ \text{m}^*[B \cap (\mathbb{R}^N \setminus (A_1 \cup A_2))]$$
$$= \text{m}^*[B \cap A_1] + \text{m}^*[B \cap A_2 \cap (\mathbb{R}^N \setminus A_1)]$$
$$+ \text{m}^*[B \cap (\mathbb{R}^N \setminus A_1) \cap (\mathbb{R}^N \setminus A_2)]$$
$$= \text{m}^*[B \cap A_1] + \text{m}^*[B \cap (\mathbb{R}^N \setminus A_1)]$$
$$= \text{m}^*(B),$$

onde, na primeira desigualdade, usamos a identidade

$$B \cap (A_1 \cup A_2) = (B \cap A_1) \cup (B \cap A_2 \cap (\mathbb{R}^N \setminus A_1)),$$

juntamente com a Proposição 2.1, e nas duas últimas igualdades usamos, respectivamente, os fatos que A_2 e A_1 são Lebesgue-mensuráveis.

(ii) Se $A_1, \ldots, A_n \in \mathcal{M}(\mathbb{R}^N)$ são dois a dois disjuntos e se $B \in P(\mathbb{R}^N)$ então

(2.7) $$\text{m}^*\left(B \cap \bigcup_{j=1}^n A_j\right) = \sum_{j=1}^n \text{m}^*(B \cap A_j).$$

A demonstração de (2.7) se faz por indução sobre n, o caso $n = 1$ sendo trivial. Assuma então a validade de (2.7) para $n - 1$. Temos

$$B \cap \bigcup_{j=1}^n A_j \cap A_n = B \cap A_n \quad \text{e} \quad B \cap \bigcup_{j=1}^n A_j \cap (\mathbb{R}^N \setminus A_n) = B \cap \bigcup_{j=1}^{n-1} A_j.$$

Como $A_n \in \mathcal{M}(\mathbb{R}^N)$ temos então que

$$\text{m}^*(B \cap \bigcup_{j=1}^n A_j) = \text{m}^*(B \cap A_n) + \text{m}^*(B \cap \bigcup_{j=1}^{n-1} A_j),$$

portanto (2.7) segue da hipótese de indução.

Tomando $B = \mathbb{R}^N$ em (2.7) segue que

$$(2.8) \qquad \mathsf{m}^*\left(\bigcup_{j=1}^n A_j\right) = \sum_{j=1}^n \mathsf{m}^*(A_j).$$

(iii) Se $A_n \in \mathcal{M}(\mathbb{R}^N)$, $n = 1, 2, \ldots$, então $\bigcup_n A_n \in \mathcal{M}(\mathbb{R}^N)$.

Sejam

$$A_1^\bullet = A_1 \quad \text{e} \quad A_n^\bullet = A_n \setminus (A_1 \cup \cdots \cup A_{n-1}), \ n \geq 2.$$

Então $A_n^\bullet \in \mathcal{M}(\mathbb{R}^N)$ para todo $n \in \mathbb{N}$, $A_n^\bullet \cap A_m^\bullet = \emptyset$ se $m \neq n$ e $\bigcup_n A_n = \bigcup_n A_n^\bullet$. Ademais, se $p \in \mathbb{N}$ e $B \in \mathrm{P}(\mathbb{R}^N)$, por (ii) temos que

$$\mathsf{m}^*(B) = \mathsf{m}^*\left(B \cap \bigcup_{n=1}^p A_n^\bullet\right) + \mathsf{m}^*\left[B \cap \left(\mathbb{R}^N \setminus \bigcup_{n=1}^p A_n^\bullet\right)\right]$$
$$\geq \mathsf{m}^*\left(B \cap \bigcup_{n=1}^p A_n^\bullet\right) + \mathsf{m}^*\left[B \cap \left(\mathbb{R}^N \setminus \bigcup_{n=1}^\infty A_n^\bullet\right)\right]$$
$$= \sum_{n=1}^p \mathsf{m}^*(B \cap A_n^\bullet) + \mathsf{m}^*\left[B \cap \left(\mathbb{R}^N \setminus \bigcup_{n=1}^\infty A_n^\bullet\right)\right].$$

Fazendo $p \to \infty$, pela Proposição 2.1, obtemos finalmente

$$\mathsf{m}^*(B) \geq \sum_{n=1}^\infty \mathsf{m}^*(B \cap A_n^\bullet) + \mathsf{m}^*\left[B \cap \left(\mathbb{R}^N \setminus \bigcup_{n=1}^\infty A_n^\bullet\right)\right]$$
$$\geq \mathsf{m}^*\left(B \cap \bigcup_{n=1}^\infty A_n^\bullet\right) + \mathsf{m}^*\left[B \cap \left(\mathbb{R}^N \setminus \bigcup_{n=1}^\infty A_n^\bullet\right)\right],$$

o que conclui a demonstração de (iii).

Vamos agora mostrar que m é uma medida. Para tal tomemos uma sequência $A_n \in \mathcal{M}(\mathbb{R}^N)$, $n = 1, 2, \ldots$, com $A_n \cap A_m = \emptyset$ se $m \neq n$.

De (2.8) podemos escrever

$$\mathsf{m}^*\left(\bigcup_{n=1}^{\infty} A_n\right) \geq \mathsf{m}^*\left(\bigcup_{n=1}^{p} A_n\right) = \sum_{n=1}^{p} \mathsf{m}^*(A_n),$$

para todo $p \in \mathbb{N}$. Fazendo $p \to \infty$ segue então que

$$\mathsf{m}^*\left(\bigcup_{n=1}^{\infty} A_n\right) \geq \sum_{n=1}^{\infty} \mathsf{m}^*(A_n),$$

o que demonstra nossa afirmação.

Finalmente, uma vez que todo subconjunto de $\mathbb{R}^N$ com medida exterior nula é Lebesgue-mensurável, segue a última afirmação do enunciado. A demonstração do Teorema 2.4 está completa. □

Teorema 2.5 *Se $I \subset \mathbb{R}^N$ é um intervalo então $I \in \mathcal{M}(\mathbb{R}^N)$ (e portanto $\mathsf{m}^*(I) = \mathsf{Vol}(I)$).*

DEMONSTRAÇÃO: Basta mostrar que intervalos da forma $I = \mathbb{R}^p \times J \times \mathbb{R}^q$ são Lebesgue-mensuráveis. Aqui J é um intervalo em $\mathbb{R}$ com $\inf J > -\infty$, $\sup J = \infty$ e $p, q \in \{1, \ldots, N\}$ são tais que $p + q = N - 1$.

Seja $B \in P(\mathbb{R}^N)$ arbitrário. Devemos mostrar a validade de (2.4), com I substituindo A e, portanto, não há perda de generalidade em assumir que $\mathsf{m}^*(B) < \infty$.

Seja $\varepsilon > 0$ e tomemos uma sequência de intervalos abertos I_n, $n = 1, 2, \ldots$, tais que

$$B \subset \bigcup_n I_n \quad \text{e} \quad \sum_n \mathsf{Vol}(I_n) \leq \mathsf{m}^*(B) + \varepsilon.$$

Se definirmos $I'_n \doteq I_n \cap I$, $I''_n \doteq I_n \cap (\mathbb{R}^N \setminus I)$ então I'_n, I''_n serão também intervalos e

$$\mathsf{Vol}(I_n) = \mathsf{Vol}(I'_n) + \mathsf{Vol}(I''_n) = \mathsf{m}^*(I'_n) + \mathsf{m}^*(I''_n).$$

Note então que

$$\mathsf{m}^*(B \cap I) \leq \sum_n \mathsf{m}^*(I'_n) \quad \text{e} \quad \mathsf{m}^*\left(B \cap (\mathbb{R}^N \setminus I)\right) \leq \sum_n \mathsf{m}^*(I''_n),$$

portanto

$$\mathsf{m}^*(B \cap I) + \mathsf{m}^*\left(B \cap (\mathbb{R}^N \setminus I)\right) \leq \sum_n \mathsf{Vol}(I_n) \leq \mathsf{m}^*(B) + \varepsilon.$$

Como $\varepsilon > 0$ é arbitrário o resultado fica demonstrado. □

Se $X \in \mathcal{M}(\mathbb{R}^N)$ definimos $\mathcal{M}(X)$ como sendo a σ-*álgebra de todos os subconjuntos Lebesgue-mensuráveis de* X. De acordo com a notação do Capítulo 1,

$$\mathcal{M}(X) = \mathcal{M}(\mathbb{R}^N)|_X.$$

Corolário 2.6 *Se* $X \in \mathcal{M}(\mathbb{R}^N)$ *então todo subconjunto aberto de* X *é Lebesgue-mensurável, isto é, pertence a* $\mathcal{M}(X)$. *Em particular, toda função contínua* $f : X \to \mathbb{R}$ *é Lebesgue-mensurável e são também Lebesgue-mensuráveis todo fechado de* X, *toda intersecção enumerável de abertos de* X *e toda reunião enumerável de fechados de* X.

DEMONSTRAÇÃO: Todo aberto de X é da forma $\Omega \cap X$, onde Ω é aberto de $\mathbb{R}^N$. Por outro lado, todo aberto de $\mathbb{R}^N$ pode ser expresso como uma reunião enumerável de intervalos abertos. Agora, se $f : X \to \mathbb{R}$ é contínua então $f^{-1}(]a, \infty[)$ é aberto de X, o que demonstra que f é Lebesgue-mensurável. As outras afirmações são imediatas. □

Se $X \in \mathcal{M}(\mathbb{R}^N)$ é tal que $\mathsf{m}(X) < \infty$ (em particular se X é limitado) então $(X, \mathcal{M}(X), \mathsf{m})$ é um espaço de medida finita e completo (aqui nos permitimos um pequeno abuso de notação, denotando também por m a restrição da medida de Lebesgue a $\mathcal{M}(X)$). Se $f : X \to \mathbb{R}$ é $\mathcal{M}(X)$-mensurável e limitada então está definida sua integral

$$\int_X f(x)\, \mathsf{d}\,\mathsf{m}(x) = \int_X f\, \mathsf{d}\,\mathsf{m},$$

denominada a *integral de Lebesgue de* f *sobre* X.

Finalizaremos este capítulo recordando o conceito de integral de Riemann.

Uma *partição de* $[a, b]$ é uma sequência de pontos de $[a, b]$ da forma $a = x_0 < x_1 < \cdots < x_n = b$. Uma função $S : [a, b] \to \mathbb{R}$ é chamada *função escada* se existir uma partição $a = x_0 < x_1 < \cdots < x_n = b$ de tal forma que S é constante (digamos igual a c_i) em cada intervalo $]x_{i-1}, x_i]$. Para tais S definimos sua *integral de Riemann* como sendo o número

$$\int_a^b S(x)\,\mathrm{d}x = \sum_{i=1}^n c_i\,(x_i - x_{i-1}).$$

Seja agora $f : [a, b] \to \mathbb{R}$ limitada. Definimos

$$I_-(f; a, b) \doteq \sup\left\{\int_a^b S(x)\,\mathrm{d}x : S \text{ escada}, S \leq f\right\},$$

$$I_+(f; a, b) \doteq \inf\left\{\int_a^b S(x)\,\mathrm{d}x : S \text{ escada}, S \geq f\right\}$$

e dizemos que f é *Riemann-integrável* em $[a, b]$ se $I_-(f; a, b) = I_+(f; a, b)$. Este valor comum denomina-se *integral de Riemann* sobre $[a, b]$ e é denotado por

$$\int_a^b f(x)\,\mathrm{d}x.$$

Teorema 2.7 *Seja $f : [a, b] \to \mathbb{R}$ uma função limitada. Se f é Riemann-integrável então f é $\mathcal{M}([a,b])$-mensurável e*

$$\int_{[a,b]} f(x)\,\mathrm{d}\mathsf{m}(x) = \int_a^b f(x)\,\mathrm{d}x.$$

DEMONSTRAÇÃO: Como toda função escada é necessariamente simples, e como também

$$\int_a^b S(x)\,\mathrm{d}x = \int_{[a,b]} S(x)\,\mathrm{d}\mathsf{m}(x)$$

se S é uma função escada, temos

$$I_-(f; a, b) = \sup\left\{\int_a^b S(x)\,\mathrm{d}x : S \text{ escada}, S \leq f\right\}$$

$$\leq \sup\left\{\int_{[a,b]} \phi(x)\,\mathrm{d}\mathsf{m}(x) : \phi \text{ simples}, \phi \leq f\right\}$$

$$\leq \inf\left\{\int_{[a,b]} \psi(x)\,\mathrm{d}\,\mathsf{m}(x) : \psi \text{ simples, } \psi \geq f\right\}$$
$$\leq \inf\left\{\int_a^b S(x)\,\mathrm{d}\,x : S \text{ escada, } S \geq f\right\}$$
$$= I_+(f;a,b).$$

Basta então aplicar o Teorema 1.18. □

Uma consequência interessante do Teorema da Convergência Limitada da integral abstrata é o seguinte resultado, válido para a integral de Riemann.

Corolário 2.8 *Sejam $f_n : [a,b] \to \mathbb{R}$, $n = 1, 2, \ldots$, uma sequência de funções Riemann-integráveis e $f : [a,b] \to \mathbb{R}$ tais que $f_n \to f$ pontualmente em $[a,b]$. Se f é Riemann-integrável e se existir $M > 0$ tal que $|f_n(x)| \leq M$, para todo $x \in [a,b]$ e todo $n = 1, 2, \ldots$, então*

$$\int_a^b f_n(x)\,\mathrm{d}\,x \to \int_a^b f(x)\,\mathrm{d}\,x.$$

Resultados análogos valem para a integral de Riemann em um intervalo compacto

$$K = [a_1, b_1] \times \cdots \times [a_N, b_N] \subset \mathbb{R}^N.$$

Em particular, se $f : K \to \mathbb{R}$ é uma função contínua então

$$\int_K f(x)\,\mathrm{d}\,\mathsf{m}(x) = \int_{a_1}^{b_1} \cdots \int_{a_N}^{b_N} f(x_1, \ldots, x_N)\,\mathrm{d}\,x_1 \ldots \mathrm{d}\,x_N,$$

onde a integral iterada à direita pode ser executada em qualquer ordem.

Finalizamos apresentando um exemplo de uma função $f : [0,1] \to \mathbb{R}$ Lebesgue mensurável e limitada mas que não é Riemann-integrável. Sejam $A = \{x \in [0,1] : x \notin \mathbb{Q}\}$ e $f \doteq \chi_A$. Note que $A \in \mathcal{M}([0,1])$ uma vez que $[0,1] \setminus A$ é enumerável e portanto tem medida exterior nula. Também é fácil ver que

$$I_-(f;0,1) = 0, \quad I_+(f;0,1) = 1,$$

o que mostra que f não é Riemann-integrável. Note que

$$\int_{[0,1]} f(x) \, d\,m(x) = 1.$$

3

O Teorema de Mudança de Variável na Integral de Lebesgue

Primeiramente introduzimos uma notação. Se $\Omega \subset \mathbb{R}^N$ é aberto escreveremos $E \Subset \Omega$ para indicar que o fecho de E em $\mathbb{R}^N$ é um subconjunto compacto de Ω. O seguinte resultado elementar será bastante utilizado:

Lema 3.1 *Se $E \Subset \Omega$ então existe $U \Subset \Omega$ aberto, $E \Subset U$.*

DEMONSTRAÇÃO: Se $k \in \mathbb{N}$ é escolhido suficientemente grande então $\overline{E}$ estará contido em $U \doteq \{x \in \Omega : \text{dist}(x, \partial\Omega) > 1/k, |x| < k\}$. □

Seja $\Omega \subset \mathbb{R}^N$ aberto. Uma aplicação $f : \Omega \to \mathbb{R}^N$ de classe C^1 é chamada *difeomorfismo de classe C^1* se f é injetora, $f(\Omega)$ é aberto e $f^{-1} : f(\Omega) \to \Omega$ também é de classe C^1.

Para cada $x \in \Omega$ denotamos por $f'(x) \in L(\mathbb{R}^N)$ a derivada de f no ponto x. O fato de f ser de classe C^1 implica que $x \mapsto f'(x)$ é uma função contínua definida em Ω e a valores em $L(\mathbb{R}^N)$. Como f é, além disso, um difeomorfismo de classe C^1, segue $f'(x) \in \mathsf{GL}(\mathbb{R}^N)$ para todo $x \in \Omega$, o que é equivalente a dizer que a função contínua $x \mapsto \det f'(x)$, definida em Ω e a valores reais, nunca se anula. Não é demais lembrar que $f'(x)^{-1} = (f^{-1})'(f(x))$, para todo $x \in \Omega$. Ainda notamos que se $E \Subset \Omega$ então $f(E) \Subset f(\Omega)$.

Teorema de Mudança de Variável. *Seja* $f : \Omega \to f(\Omega)$ *um difeomorfismo de classe* C^1. *Se* $E \Subset \Omega$ *é* $\mathcal{M}(\Omega)$-*mensurável então* $f(E)$ *é* $\mathcal{M}(f(\Omega))$-*mensurável e*

(TMV) $$\mathsf{m}(f(E)) = \int_E |\det f'(x)| \, \mathrm{d}\mathsf{m}(x).$$

Como corolário obtemos:

Corolário 3.2 *Sejam* $f : \Omega \to f(\Omega)$ *um difeomorfismo de classe* C^1 *e* $E \Subset \Omega$, $E \in \mathcal{M}(\Omega)$. *Se* $u : f(E) \to \mathbb{R}$ *é Lebesgue-mensurável então* $u \circ f : E \to \mathbb{R}$ *é Lebesgue-mensurável. Se além disto, u é limitada então*

(3.1) $$\int_{f(E)} u(y) \, \mathrm{d}\mathsf{m}(y) = \int_E u(f(x)) \, |\det f'(x)| \, \mathrm{d}\mathsf{m}(x).$$

DEMONSTRAÇÃO DO COROLÁRIO 3.2: Que $u \circ f$ é Lebesgue-mensurável, se u o for, é uma consequência imediata do teorema acima. Tomemos, primeiramente, $u = \chi_A$, onde $A \in \mathcal{M}(f(E))$. Então $u \circ f = \chi_{f^{-1}(A)}$ e portanto

$$\int_E \chi_A(f(x)) \, |\det f'(x)| \, \mathrm{d}\mathsf{m}(x) = \int_{f^{-1}(A)} |\det f'(x)| \, \mathrm{d}\mathsf{m}(x)$$
$$= \mathsf{m}(A) = \int_{f(E)} \chi_A(y) \, \mathrm{d}\mathsf{m}(y).$$

Pelas propriedades de linearidade da integral abstrata segue que (3.1) vale para funções simples definidas em $f(E)$.

Dada agora uma função u como no enunciado podemos determinar, de acordo com a Proposição 1.15, uma sequência uniformemente limitada de funções simples $\phi_n : f(E) \to \mathbb{R}$, $\phi_n \le u$ para todo n, satisfazendo $\phi_n(y) \to u(y)$, $y \in f(E)$. Do Teorema da Convergência Limitada segue que

$$\int_{f(E)} u(y) \, \mathrm{d}\mathsf{m}(y) = \lim_{n \to \infty} \int_{f(E)} \phi_n(y) \, \mathrm{d}\mathsf{m}(y)$$
$$= \lim_{n \to \infty} \int_E \phi_n(f(x)) \, |\det f'(x)| \, \mathrm{d}\mathsf{m}(x)$$

$$= \int_E u(f(x))\,|\det f'(x)|\,\mathrm{d}\mathsf{m}(x).$$

□

O restante do capítulo será devotado à demonstração do Teorema de Mudança de Variável. Começamos recordando a desigualdade do valor médio: se $D \Subset \Omega$ é um conjunto *convexo* então

(3.2) $\qquad |f(x) - f(y)| \leq \left(\sup_{z \in D} \|f'(z)\|\right) |x - y|, \quad x, y \in D.$

Esta propriedade admite a seguinte extensão:

Lema 3.3 *Seja $K \Subset \Omega$ compacto. Então existe $C > 0$ tal que*

(3.3) $\qquad |f(x) - f(y)| \leq C|x - y|, \quad x, y \in K.$

DEMONSTRAÇÃO: Suponha que (3.3) não seja verdadeira. Então para cada $n \in \mathbb{N}$ existirão $x_n, y_n \in K$ tais que

(3.4) $\qquad n|x_n - y_n| < |f(x_n) - f(y_n)| \leq 2a,$

onde $a > 0$ é tal que $|f| \leq a$ em K. Passando a subsequências se necessário podemos assumir que $x_n \to x_0 \in K$, $y_n \to y_0 \in K$. Uma vez que (3.4) implica $|x_n - y_n| < 2a/n$ concluímos que $x_0 = y_0$. Tomemos agora $r > 0$ tal que $D \doteq \{x : |x - x_0| \leq r\} \subset \Omega$ e seja $M = \sup\{\|f'(z)\| : z \in D\}$. Por (3.2) obtemos

$$|f(x) - f(y)| \leq M\,|x - y|, \quad x, y \in D.$$

Tomando $n_0 \in \mathbb{N}$ tal que $x_n, y_n \in D$ se $n \geq n_0$, obtemos então

$$n\,|x_n - y_n| < |f(x_n) - f(y_n)| \leq M\,|x_n - y_n|, \quad n \geq n_0,$$

o que é absurdo. □

Lema 3.4 *Seja $E \Subset \Omega$. Então dado $\varepsilon > 0$ existe uma sequência de intervalos abertos I_n, $n = 1, 2, \ldots$, tais que $\overline{I_n} \subset \Omega$ para todo $n \in \mathbb{N}$, $E \subset \bigcup_n I_n$ e $\sum_n \mathsf{Vol}(I_n) < \mathsf{m}^*(E) + \varepsilon$.*

DEMONSTRAÇÃO: Dado $\varepsilon > 0$ existe uma sequência de intervalos abertos $I_n^\bullet$, $n = 1, 2, \ldots$, tal que $E \subset \bigcup_n I_n^\bullet$ e $\sum_n \mathsf{Vol}(I_n^\bullet) < \mathsf{m}^*(E) + \varepsilon/2$. Para cada $n \in \mathbb{N}$ decompomos

$$\overline{I_n^\bullet} = J_{n,1} \cup \cdots \cup J_{n,k_n},$$

onde cada $J_{n,k}$ é um intervalo compacto e

$$\mathsf{Vol}(I_n^\bullet) = \mathsf{Vol}(J_{n,1}) + \cdots + \mathsf{Vol}(J_{n,k_n}) \quad \text{e} \quad \operatorname{diam}(J_{n,k}) \leq \frac{1}{2} \operatorname{dist}(E, \mathbb{R}^N \setminus \Omega).$$

Com tal escolha temos

$$J_{n,k} \cap E \neq \emptyset \;\Rightarrow\; J_{n,k} \subset \Omega.$$

Provemos esta afirmação: fixemos $y_\star \in J_{n,k} \cap E$ e tomemos $x \in J_{n,k}$ arbitrário. Logo

$$|x - y_\star| \leq \operatorname{diam}(J_{n,k}) \leq \frac{1}{2} \operatorname{dist}(E, \mathbb{R}^N \setminus \Omega).$$

Como também

$$|\operatorname{dist}(x, \mathbb{R}^N \setminus \Omega) - \operatorname{dist}(y_\star, \mathbb{R}^N \setminus \Omega)| \leq |x - y_\star|,$$

segue que

$$\operatorname{dist}(x, \mathbb{R}^N \setminus \Omega) \geq \operatorname{dist}(y_\star, \mathbb{R}^N \setminus \Omega) - \frac{1}{2} \operatorname{dist}(E, \mathbb{R}^N \setminus \Omega) \geq \frac{1}{2} \operatorname{dist}(E, \mathbb{R}^N \setminus \Omega).$$

Tomando então somente os intervalos $J_{n,k}$ que interceptam E obteremos uma sequência de intervalos compactos J_n, $n = 1, 2, \ldots$, satisfazendo

$$J_n \Subset \Omega, \; n \in \mathbb{N}, \quad E \subset \bigcup_{n=1}^{\infty} J_n \quad \text{e} \quad \sum_{n=1}^{\infty} \mathsf{Vol}(J_n) < \mathsf{m}^*(E) + \frac{\varepsilon}{2}.$$

Para concluir a demonstração basta, para cada $n \in \mathbb{N}$, tomar um intervalo aberto $I_n \subset \Omega$ contendo J_n e tal que $\text{Vol}(I_n) \leq \text{Vol}(J_n) + \varepsilon/2^{n+1}$. □

Sejam E como no Lema 3.4 e $\Omega' \Subset \Omega$ aberto, $E \Subset \Omega'$. Aplicando o Lema 3.4 com Ω' substituindo Ω obtemos, para cada $\varepsilon > 0$, um aberto $\mathcal{O} = \bigcup_n I_n \subset \Omega'$ satisfazendo

$$\mathcal{O} \Subset \Omega, \quad \mathsf{m}(\mathcal{O}) < \mathsf{m}^*(E) + \varepsilon.$$

Assim podemos provar:

Corolário 3.5 *Se $E \Subset \Omega$ então existe $G \Subset \Omega$ da forma $G = \bigcap_n U_n$, onde cada $U_n \Subset \Omega$ é aberto, tal que $\mathsf{m}^*(E) = \mathsf{m}^*(G)$. Note que, em particular, $G \in \mathcal{M}(\Omega)$.*

DEMONSTRAÇÃO: Pela observação precedente dado $n \in \mathbb{N}$ existe um aberto $U_n \Subset \Omega$ tal que $E \subset U_n$ e $\mathsf{m}^*(U_n) \leq \mathsf{m}^*(E) + 1/n$. Definindo então G como no enunciado teremos $\mathsf{m}^*(E) \leq \mathsf{m}^*(G) \leq \mathsf{m}^*(E) + 1/n$ para todo $n \in \mathbb{N}$, donde segue que $\mathsf{m}^*(E) = \mathsf{m}^*(G)$. □

Por um *cubo* em $\mathbb{R}^N$ entendemos um intervalo limitado da forma $I_1 \times \cdots \times I_N$, onde $\mathsf{L}(I_1) = \cdots = \mathsf{L}(I_N)$. Note que se I é um cubo em $\mathbb{R}^N$ então

$$\text{Vol}(I) = \frac{\text{diam}(I)^N}{N^{N/2}}.$$

A noção de cubo juntamente com o Exercício 2 permitem então demonstrar o seguinte resultado:

Lema 3.6 *Se $E \Subset \Omega$ é tal que $\mathsf{m}^*(E) = 0$ então $\mathsf{m}^*(f(E)) = 0$.*

DEMONSTRAÇÃO: Primeiramente tomamos $U \Subset \Omega$ aberto tal que $E \Subset U$. A seguir escolhemos $C > 0$ tal que $|f(x) - f(y)| \leq C|x - y|$ é satisfeita para todos $x, y \in U$. Em particular temos

(3.5) $\qquad A \subset U \Rightarrow \text{diam}\, f(A) \leq C \,\text{diam}(A).$

Seja $\varepsilon > 0$. Pelo Exercício 2 do Capítulo 3 existe uma sequência de *cubos* compactos $I_n \subset U$, $n = 1, 2, \ldots$, tal que $E \subset \bigcup_n I_n$ e $\sum_n \text{Vol}(I_n) < \varepsilon$.

Logo $f(E) \subset \bigcup_n f(I_n)$ e portanto

$$\mathsf{m}^*(f(E)) \leq \sum_{n=1}^{\infty} \mathsf{m}^*(f(I_n)) \leq \sum_{n=1}^{\infty} \operatorname{diam}(f(I_n))^N \leq C^N \sum_{n=1}^{\infty} \operatorname{diam}(I_n)^N,$$

onde na terceira desigualdade usamos (3.5) e na segunda usamos o fato elementar que todo conjunto limitado de $\mathbb{R}^N$ está contido em um intervalo com arestas de comprimento igual a seu diâmetro. Uma vez que $\operatorname{diam}(I_n)^N = N^{N/2}\operatorname{Vol}(I_n)$ obtemos finalmente

$$\mathsf{m}^*(f(E)) \leq C^N N^{N/2} \sum_{n=1}^{\infty} \operatorname{Vol}(I_n) < C^N N^{N/2}\varepsilon,$$

o que demonstra o resultado. $\square$

Corolário 3.7 *Seja $E \Subset \Omega$ Lebesgue-mensurável. Então $f(E)$ é Lebesgue-mensurável.*

DEMONSTRAÇÃO: Pelo Corolário 3.5 existe $G \doteq \bigcap_n U_n \supset E$, com cada $U_n \Subset \Omega$ aberto e com $\mathsf{m}^*(E) = \mathsf{m}^*(G)$. Como E é Lebesgue-mensurável temos
$$\mathsf{m}(G) = \mathsf{m}(E) + \mathsf{m}(G \setminus E)$$
e portanto $\mathsf{m}(G \setminus E) = 0$. Pelo Lema 3.6 temos $\mathsf{m}^*(f(G \setminus E)) = 0$ e portanto $f(G \setminus E) \in \mathcal{M}(f(\Omega))$. Como também f é um homeomorfismo temos $f(G) = \bigcap_n f(U_n)$, onde cada $f(U_n)$ também é aberto. Em particular $f(G) \in \mathcal{M}(f(\Omega))$ e portanto $f(E) = f(G) \setminus f(G \setminus E) \in \mathcal{M}(f(\Omega))$. $\square$

Assim, para concluir a demonstração do Teorema de Mudança de Variável temos que mostrar a validade de (TMV), o que será feito em vários passos.

Passo 1. *Se* (TMV) *vale para C^1-difeomorfismos $f : \Omega \to f(\Omega)$ e $g : f(\Omega) \to g(f(\Omega))$ então* (TMV) *vale para $g \circ f : \Omega \to (g \circ f)(\Omega)$.*

De fato, se $E \Subset \Omega$ é Lebesgue-mensurável então, pelo Corolário 3.2,

$$(g \circ f)(E) = g(f(E)) = \int_{f(E)} |\det g'(y)| \, d\mathsf{m}(y)$$

$$= \int_E |\det g'(f(x))| \cdot |\det f'(x)| \, d\,m(x)$$
$$= \int_E |\det (g'(f(x)) \circ f'(x))| \, d\,m(x)$$
$$= \int_E |\det (g \circ f)'(x)| \, d\,m(x).$$

Passo 2. *Se* (TMV) *vale para* $E = I \Subset \Omega$, *onde* I *é um intervalo arbitrário, então* (TMV) *vale em geral.*

Pelo Teorema da Convergência Limitada, (TMV) vale para $E = \bigcup_n I_n \Subset \Omega$, onde I_n, $n = 1, 2, \ldots$, é uma sequência de intervalos. De fato, não é difícil mostrar que podemos escrever $E = \bigcup_n I_n = \bigcup_n J_n$, onde agora J_n, $n = 1, 2, \ldots$, é uma sequência de intervalos dois a dois disjuntos, temos (cf. Proposição 1.22)

$$\mathsf{m}\left(f\left(\bigcup_{n=1}^{\infty} I_n\right)\right) = \mathsf{m}\left(f\left(\bigcup_{n=1}^{\infty} J_n\right)\right)$$
$$= \mathsf{m}\left(\bigcup_{n=1}^{\infty} f(J_n)\right)$$
$$= \sum_{n=1}^{\infty} \mathsf{m}(f(J_n))$$
$$= \sum_{n=1}^{\infty} \int_{J_n} |\det f'(x)| \, d\,\mathsf{m}(x)$$
$$= \int_{\bigcup_n J_n} |\det f'(x)| \, d\,\mathsf{m}(x)$$
$$= \int_{\bigcup_n I_n} |\det f'(x)| \, d\,\mathsf{m}(x).$$

Seja então $E \Subset \Omega$ Lebesgue-mensurável. Como na demonstração do Corolário 3.5, para cada k existe $U_k \Subset \Omega$ aberto tal que $E \subset U_k$ e $\mathsf{m}(U_k \setminus E) < 1/k$. Além disso, cada U_k é igual a uma reunião enumerável de intervalos abertos. Se definirmos $B_k = U_1 \cap \cdots \cap U_k$ então cada B_k também será uma reunião enumerável de intervalos abertos, donde concluímos que

(a) $B_1 \supset B_2 \supset \cdots \supset E$;

(b) (TMV) vale para cada B_k;

(c) $\mathsf{m}\,(B_k \setminus E) < 1/k$.

Seja $C \doteq \bigcap_k B_k \in \mathcal{M}(\Omega)$. Então $E \subset C$ e $\mathsf{m}(C \setminus E) = 0$, uma vez que $C \setminus E \subset B_k \setminus E$ para todo $k \in \mathbb{N}$. Pelo Lema 3.6

$$\mathsf{m}(f(C)) = \mathsf{m}(f(E)) + \mathsf{m}(f(C \setminus E)) = \mathsf{m}(f(E))$$

e portanto, novamente pela Proposição 1.22,

$$\begin{aligned}
\mathsf{m}\,(f\,(E)) &= \mathsf{m}\,(f\,(C)) \\
&= \mathsf{m}\left(\bigcap_{k=1}^{\infty} f(B_k)\right) \\
&= \lim_{k \to \infty} \mathsf{m}\,(f\,(B_k)) \\
&= \lim_{k \to \infty} \int_{B_k} |\det f'(x)|\,\mathsf{d}\,\mathsf{m}(x) \\
&= \lim_{k \to \infty} \left[\int_{E} |\det f'(x)|\,\mathsf{d}\,\mathsf{m}(x) + \int_{B_k \setminus E} |\det f'(x)|\,\mathsf{d}\,\mathsf{m}(x)\right].
\end{aligned}$$

Agora se $b \doteq \sup_{B_1} |\det f'|$ então $b < \infty$ e

$$\left|\int_{B_k \setminus E} |\det f'(x)|\,\mathsf{d}\,\mathsf{m}(x)\right| \leq b\,\mathsf{m}(B_k \setminus E) \leq \frac{b}{k} \longrightarrow 0 \quad k \to \infty,$$

e portanto (TMV) segue.

Passo 3. *Se* (TMV) *vale para* $E = J \Subset \Omega$, *onde* J *é um intervalo compacto qualquer, então* (TMV) *vale em geral.*

Seja $I \Subset \Omega$ um intervalo arbitrário e tomemos uma sequência de intervalos compactos $J_1 \subset J_2 \subset \cdots I$, $\bigcup_n J_n = I$. Temos

$$\begin{aligned}
\mathsf{m}(f(I)) &= \mathsf{m}\left(f\left(\bigcup_{n=1}^{\infty} J_n\right)\right) \\
&= \mathsf{m}\left(\bigcup_{n=1}^{\infty} f(J_n)\right)
\end{aligned}$$

$$= \lim_{n\to\infty} \mathsf{m}(f(J_n))$$
$$= \lim_{n\to\infty} \int_{J_n} |\det f'(x)|\,\mathsf{d}\,\mathsf{m}(x)$$
$$= \int_I |\det f'(x)|\,\mathsf{d}\,\mathsf{m}(x),$$

pelo Teorema da Convergência Limitada. Logo, pelo passo 3, (TMV) segue em geral. □

Passo 4. (TMV) é válida para $A : \mathbb{R}^N \to \mathbb{R}^N$, $A(x_1,\ldots,x_N) = (x_{\sigma(1)},\ldots,x_{\sigma(N)})$, onde $\sigma \in S^N$.

De fato, se $I = [a_1,b_1] \times \cdots \times [a_N,b_N]$ então $A(I) = [a_{\sigma(1)},b_{\sigma(1)}] \times \cdots \times [a_{\sigma(N)},b_{\sigma(N)}]$ e $\det A$ é igual ao sinal de σ ($\det A = \pm 1$).

Passo 5. (TMV) é válida para translações $f(x) = x + a$.

De fato $\det f'(x) = 1$ para todo $x \in \mathbb{R}^N$ e $\mathsf{Vol}(a+I) = \mathsf{Vol}(I)$ para todo intervalo I.

Passo 6. (TMV) é válida para C^1-difeomorfismos $f : \Omega \to f(\Omega)$ da forma

(3.6) $\qquad f(x) = (x_1,\ldots,x_{j-1},h(x),x_{j+1},\ldots,x_N),$

onde $h : \Omega \to \mathbb{R}$ é de classe C^1.

De fato, pelo passo 3 podemos assumir que $f(x) = (x_1,\ldots,x_{N-1},h(x)) = (x',h(x))$. Temos

$$\det f'(x) = \frac{\partial h}{\partial x_N}(x) \neq 0 \quad \text{em} \quad \Omega.$$

Seja I um intervalo compacto contido em Ω, $I = I' \times [a_N,b_N]$. Como I é conexo então ou $\det f'(x) > 0$ em I ou $\det f'(x) < 0$ em I. Vamos assumir então que $(\partial h/\partial x_N) > 0$ em I. Notando que

$$f(I) = \{(x',x_N) : x' \in I' \text{ e } h(x',a_N) \leq x_N \leq h(x',b_N)\},$$

tomando $J = I' \times [m, M]$, em que

$$m = \min_{x' \in I'} h(x', a_N) \quad \text{e} \quad M = \max_{x' \in I'} h(x', b_N),$$

, obtemos

$$\begin{aligned}
\int_I |\det f'(x)| \, \mathrm{d}\,\mathsf{m}(x) &= \int_I \frac{\partial h}{\partial x_N}(x) \, \mathrm{d}\,\mathsf{m}(x) \\
&\stackrel{\star}{=} \int_{I'} \left[\int_{a_N}^{b_N} \frac{\partial h}{\partial x_N}(x', x_N) \, \mathrm{d}\, x_N \right] \mathrm{d}\, x' \\
&= \int_{I'} \int_{h(x', a_N)}^{h(x', b_N)} \mathrm{d}\, x_n \, \mathrm{d}\, x' \\
&= \int_J \chi_{f(I)}(x) \, \mathrm{d}\, x \\
&\stackrel{\star}{=} \int_J \chi_{f(I)}(x) \, \mathrm{d}\,\mathsf{m}(x) = \mathsf{m}(f(I)),
\end{aligned}$$

onde em ($\star$) usamos a igualdade entre a integral de Riemann e a integral de Lebesgue. $\square$

Passo 7. *Suponha que para cada $x \in \Omega$ existe $U_x \subset \Omega$ aberto, $x \in U_x$, tal que (TMV) vale para $f|_{U_x} : U_x \to f(U_x)$. Então (TMV) vale em geral.*

Seja $I \Subset \Omega$ um intervalo compacto. Existe um recobrimento abertos $\{U_\alpha\}$ de I tal que (TMV) vale para $f|_{U_\alpha} : U_\alpha \to f(U_\alpha)$, $\forall \alpha$. Seja $\varepsilon > 0$ um número de Lebesgue da cobertura $\{U_\alpha \cap I\}$ do compacto I. Podemos decompor $I = \bigcup_{j=1}^n I_j$ em intervalos dois a dois disjuntos com $\mathrm{diam}(I_j) < \varepsilon$, $j = 1, \ldots, n$. Como para todo j existe α_j tal que $\overline{I}_j \subset U_{\alpha_j}$ temos então

$$\begin{aligned}
\mathsf{m}(f(I)) &= \sum_{j=1}^n \mathsf{m}(f(I_j)) \\
&= \sum_{j=1}^n \int_{I_j} |\det f'(x)| \, \mathrm{d}\,\mathsf{m}(x) \\
&= \int_I |\det f'(x)| \, \mathrm{d}\,\mathsf{m}(x).
\end{aligned}$$

Agora faremos uma pausa para apresentar um resultado sobre decomposição de aplicações de classe C^1. Daremos primeiramente uma definição.

Definição 3.8 (a) Uma aplicação $A \in L(\mathbb{R}^N)$ é dita *elementar* se existem $i, j \in \{1, \ldots, N\}$ tais que $Ae_i = e_j$, $Ae_j = e_i$ e $Ae_k = e_k$ se $k \neq i, j$. Aqui $\{e_1, \ldots, e_N\}$ denota a base canônica de $\mathbb{R}^N$.

(b) Uma aplicação $f : \Omega \to \mathbb{R}^N$ de classe C^1, definida em um aberto Ω de $\mathbb{R}^N$, é chamada *primitiva* se existem $h : \Omega \to \mathbb{R}$ de classe C^1 e $j \in \{1, \ldots, N\}$ tais que f se escreve como em (3.6).

Temos então a seguinte proposição.

Proposição 3.9 *Sejam $\Omega \subset \mathbb{R}^N$ aberto contendo a origem e $F : \Omega \to \mathbb{R}^N$ de classe C^1 com $F(0) = 0$ e $F'(0) \in \mathsf{GL}(\mathbb{R}^N)$. Então em uma vizinhança da origem podemos escrever*

$$(3.7) \qquad F(x) = A_1 \cdots A_{N-1} G_N \circ \cdots \circ G_1(x),$$

onde cada A_j é uma aplicação elementar, e cada G_j é uma aplicação primitiva definida em uma vizinhança da origem e satisfazendo $G_j(0) = 0$, $G'_j(0) \in \mathsf{GL}(\mathbb{R}^N)$.

DEMONSTRAÇÃO: Escrevendo $F(x) = (\alpha_1(x), \ldots, \alpha_N(x))$ temos

$$F'(0)e_1 = \sum_{j=1}^{N} \frac{\partial \alpha_j}{\partial x_1}(0) e_j.$$

Como $F'(0)$ é invertível segue que $F'(0)e_1 \neq 0$ e que portanto existe $k \in \{1, \ldots, N\}$ tal que

$$(3.8) \qquad \frac{\partial \alpha_k}{\partial x_1}(0) \neq 0.$$

Seja A_1 a transformação elementar dada por $Ae_1 = e_k$, $Ae_k = e_1$, $Ae_p = e_p$ se $p \neq 1, k$ e defina

$$G_1(x) = (\alpha_k(x), x_2, \ldots, x_N).$$

45

Note que G_1 é primitiva, que $G_1(0) = 0$ e que $G_1'(0)$ é invertível em virtude de (3.8).

Pelo Teorema da Função Inversa existe um aberto $U_1 \subset \Omega$ contendo a origem tal que $G_1|_{U_1}$ é um difeomorfismo de classe C^1 de U_1 sobre $G_1(U_1)$. Defina
$$F_1(y) = A_1 F \circ G_1^{-1}(y), \quad y \in G_1(U_1).$$
Note que F_1 é de classe C^1, que $F_1(0) = 0$, que $F_1'(0) \in \mathsf{GL}(\mathbb{R}^N)$ pela regra da cadeia e também que

(3.9) $$F(x) = A_1 F_1 \circ G_1(x).$$

Além disto é fácil ver que F_1 é da forma
$$F_1(y) = (y_1, \alpha_{1,2}(y), \ldots, \alpha_{1,N}(y)).$$

Novamente, como $F_1'(0) \in \mathsf{GL}(\mathbb{R}^N)$, concluímos, como antes, que existe $k \in \{2, \ldots, N\}$ tal que

(3.10) $$\frac{\partial \alpha_{1,k}}{\partial y_2}(0) \neq 0.$$

Logo o processo pode ser repetido para F_1 substituindo F. Obteremos agora uma decomposição da forma

(3.11) $$F_1(y) = A_2 F_2 \circ G_2(y),$$

onde ainda A_2 é uma transformação elementar, G_2 é uma aplicação primitiva com $G_2(0) = 0$, $G_2'(0) \in \mathsf{GL}(\mathbb{R}^N)$ e que F_2 é da forma
$$F_2(z) = (z_1, z_2, \alpha_{2,3}(z), \ldots, \alpha_{2,N}(z)),$$
para $z = (z_1, \ldots, z_n)$ em uma vizinhança da origem em $\mathbb{R}^N$. Note que (3.9) e (3.11) fornecem
$$F(x) = A_1 A_2 F_2 \circ G_2 \circ G_1(x).$$

Repetindo o procedimento $N-2$ vezes mais, atingiremos o estágio em que F_N é aplicação identidade, o que conclui a demonstração da proposição. □

CONCLUSÃO DA DEMONSTRAÇÃO DE (TMV): Seja $x_0 \in \Omega$. Pelo passo 3, basta mostrar que (TMV) vale em uma vizinhança de x_0. Considerando o novo difeomorfismo de classe C^1 dado por $x \mapsto f(x+x_0) - f(x_0)$, e levando em conta o passo 3, podemos assumir que $x_0 = 0$ e que $f(0) = 0$. Pela Proposição 3.9, f pode ser escrita, em uma vizinhança da origem, como uma composição de difeomorfismos de classe C^1 em que, para cada um deles, vale (TMV) (passos 3 e 3). Finalmente, pelo passo 3, obtemos nossa conclusão. □

4

Campos e Formas Diferenciais

4.1 Campos vetoriais

É um simples exercício, usando a regra de L'Hopital, mostrar que a função $\gamma : \mathbb{R} \to \mathbb{R}$ definida por $\gamma(x) = 0$ se $x \leq 0$, $\gamma(x) = \exp(-1/x)$ se $x > 0$, é infinitamente diferenciável em $\mathbb{R}$. Assim sendo a função $\rho : \mathbb{R}^N \to \mathbb{R}$ definida por

$$\rho(x) = \begin{cases} 0 & \text{se } |x| \geq 1, \\ \gamma(1 - |x|^2) & \text{se } |x| < 1, \end{cases}$$

é infinitamente diferenciável em $\mathbb{R}^N$. Para $\varepsilon > 0$ definimos, finalmente,

$$\rho_\varepsilon(x) = \frac{a}{\varepsilon^N} \rho\left(\frac{x}{\varepsilon}\right),$$

onde

$$a \doteq \left(\int_{|x|\leq 1} \rho(x) \, d\mathsf{m}(x)\right)^{-1}.$$

Note as seguintes propriedades:

$$\rho_\varepsilon(x) > 0 \text{ se } |x| < \varepsilon, \qquad \rho_\varepsilon(x) = 0 \text{ se } |x| \geq \varepsilon,$$

$$\int_{|x|\leq \varepsilon} \rho_\varepsilon(x) \, d\mathsf{m}(x) = 1.$$

Lema 4.1 *Sejam $K \subset \mathbb{R}^N$ compacto e $U \subset \mathbb{R}^N$ aberto com $K \subset U$. Então existe uma função $g \in C^\infty(\mathbb{R}^N)$, $0 \le g \le 1$, tal que $g = 1$ em uma vizinhança de K e $g = 0$ em $\mathbb{R}^N \setminus U$.*

DEMONSTRAÇÃO: Seja $\delta = \mathrm{dist}(K, \mathbb{R}^N \setminus U)/4$ e para $\eta > 0$ defina

$$K_\eta = \{x \in \mathbb{R}^N : \mathrm{dist}(x, K) \le \eta\}.$$

Seja, também,

$$g(x) = \int_{K_{2\delta}} \rho_\delta(x-y)\,\mathrm{d}\mathsf{m}(y) = \int_{x-K_{2\delta}} \rho_\delta(z)\,\mathrm{d}\mathsf{m}(z).$$

A primeira igualdade mostra que $g \in C^\infty(\mathbb{R}^N)$ (ver Exercício 13 do Capítulo 1). É também claro que $0 \le g \le 1$. Note, agora, que se $x \in K_\delta$ então $\{z : |z| \le \delta\} \subset x - K_{2\delta}$ e portanto

$$g(x) = \int_{x-K_{2\delta}} \rho_\delta(z)\,\mathrm{d}\mathsf{m}(z) = \int_{|z|\le\delta} \rho_\delta(z)\,\mathrm{d}\mathsf{m}(z) = 1, \quad x \in K_\delta.$$

Por outro lado se $x \notin K_{3\delta}$ e se $y \in K_{2\delta}$ então $|x-y| \ge \delta$ e portanto

$$g(x) = \int_{K_{2\delta}} \rho_\delta(x-y)\,\mathrm{d}\mathsf{m}(y) = 0, \quad x \notin K_{3\delta}.$$

□

Se $\Omega \subset \mathbb{R}^N$ é aberto, o espaço $C^\infty(\Omega)$ das funções infinitamente diferenciáveis sobre Ω e a valores reais, com as operações de adição e produto ponto a ponto, é um anel comutativo com unidade.

Definição 4.2 *Um campo vetorial sobre Ω é uma aplicação $\mathbb{R}$-linear $L : C^\infty(\Omega) \to C^\infty(\Omega)$ satisfazendo a regra de Leibniz*

$$L(fg) = f\,L(g) + g\,L(f), \quad f, g \in C^\infty(\Omega).$$

Denotamos por $\mathsf{X}(\Omega)$ o conjunto de todos os campos vetoriais sobre Ω. Note que $\mathsf{X}(\Omega)$ tem a estrutura de um espaço vetorial sobre $\mathbb{R}$. Mais que isto, se $g \in C^\infty(\Omega)$ e se $L \in \mathsf{X}(\Omega)$ então $gL \in \mathsf{X}(\Omega)$, onde $(gL)(f) = g\,L(f)$. Assim $\mathsf{X}(\Omega)$ tem estrutura de $C^\infty(\Omega)$-módulo.

Note que se $L \in \mathsf{X}(\Omega)$ e se $c \in \mathbb{R}$ então $L(c) = 0$. De fato, basta mostrar que $L(1) = 0$ e isto segue de $L(1) = L(1 \cdot 1) = 2L(1)$.

Exemplo 4.3 As derivadas parciais $\partial/\partial x_j$ são elementos de $\mathsf{X}(\Omega)$, $j = 1, \ldots, N$.

Exemplo 4.4 Se $L, M \in \mathsf{X}(\Omega)$ então

$$[L, M](f) = L(M(f)) - M(L(f)), \quad f \in C^\infty(\Omega),$$

define um elemento $[L, M] \in \mathsf{X}(\Omega)$ denominado *colchete de Lie* ou *comutador* entre L e M. Para mostrar que $[L, M]$ define um campo vetorial basta verificar a regra de Leibniz. Se $f, g \in C^\infty(\Omega)$ temos

$$\begin{aligned}[L, M](fg) &= L(M(fg)) - M(L(fg)) \\ &= L(fM(g) + gM(f)) - M(fL(g) + gL(f)) \\ &= L(f)M(g) + fL(M(g)) + L(g)M(f) + gL(M(f)) \\ &\quad - M(f)L(g) - fM(L(g)) - M(g)L(f) - gM(L(f)) \\ &= f[L, M](g) + g[L, M](f).\end{aligned}$$

Lema 4.5 *Sejam $L \in \mathsf{X}(\Omega)$, $f \in C^\infty(\Omega)$ e assuma que $f = 0$ em um aberto $U \subset \Omega$. Então $L(f) = 0$ em U.*

DEMONSTRAÇÃO: Seja $B \Subset U$ uma bola fechada e tomemos $g \in C^\infty(\Omega)$ com $g = 1$ em B, $g = 0$ em $\Omega \setminus U$. Note que $gf = 0$. Temos então $0 = L(fg) = fL(g) + gL(f)$ e portanto $gL(f) = 0$ em U. Como $g = 1$ em B segue que $L(f) = 0$ em B. Como B é arbitrária segue que $L(f) = 0$ em U. $\square$

Com o auxílio deste lema podemos demonstrar um resultado fundamental:

Teorema 4.6 *Todo $L \in \mathsf{X}(\Omega)$ se escreve, de modo único, na forma*

(4.1) $$L = \sum_{j=1}^{N} a_j(x) \frac{\partial}{\partial x_j}, \quad a_j \in C^\infty(\Omega), \quad j = 1, \ldots, N.$$

Assim $\mathsf{X}(\Omega)$ é um $C^\infty(\Omega)$-módulo livre de dimensão N e com base $\{\partial/\partial x_1, \ldots, \partial/\partial x_N\}$.

DEMONSTRAÇÃO: Vamos mostrar que (4.1) vale com a escolha $a_j = L(x_j)$, $j = 1, \ldots, N$, ou seja, fixado $x_0 \in \Omega$ arbitrário mostraremos que

(4.2) $$L(f)(x_0) = \sum_{j=1}^{N} a_j(x_0) \frac{\partial f}{\partial x_j}(x_0), \quad f \in C^\infty(\Omega).$$

Tomemos uma bola aberta $B \Subset \Omega$ centrada em x_0 e $f \in C^\infty(\Omega)$. Para $x \in B$ formemos
$$\lambda(t) = f(x_0 + t(x - x_0)).$$
Como
$$\lambda(1) - \lambda(0) = \int_0^1 \lambda'(t)\,dt,$$
a regra da cadeia fornece

(4.3) $$f(x) - f(x_0) = \sum_{j=1}^{N} h_j(x)(x_j - x_{0j}),$$

onde $h_j \in C^\infty(B)$ são dadas por
$$h_j(x) = \int_0^1 \frac{\partial f}{\partial x_j}(x_0 + t(x - x_0))\,dt.$$

Tomamos, a seguir, $\psi \in C^\infty(\mathbb{R}^N)$ se anulando no complementar de um subconjunto compacto de B e com $\psi = 1$ em uma vizinhança aberta U de x_0. Pelo Lema 4.6, $L(f)(x) = L(\psi f)(x)$ para $x \in U$. Uma vez que a funções ψh_j podem ser consideradas como elementos de $C^\infty(\Omega)$, de (4.3) segue que, para $x \in U$,

$$L(f)(x) = L(\psi f)(x)$$
$$= L(\psi f(x_0))(x) + \sum_{j=1}^{N} L(\psi h_j)(x)(x_j - x_{0j}) + \sum_{j=1}^{N}(\psi h_j)(x) L(x_j - x_{j0})(x)$$
$$= f(x_0) \underbrace{L(\psi)(x)}_{=0} + \sum_{j=1}^{N} L(\psi h_j)(x)(x_j - x_{0j}) + \sum_{j=1}^{N} a_j(x)(\psi h_j)(x).$$

Fazendo $x = x_0$, e observando $\psi(x_0) = 1$ e que $h_j(x_0) = (\partial f/\partial x_j)(x_0)$, obtemos (4.2). $\square$

4.2 Formas diferenciais

Para cada $k = 0, 1, \ldots$ vamos definir, nesta seção, o *espaço das formas diferenciais de grau k (infinitamente diferenciáveis) sobre* Ω ou, mais simplesmente *k-formas sobre* Ω. Tais espaços serão denotados por $\mathsf{F}_k(\Omega)$, $k = 0, 1, \ldots$.

Definição 4.7 (a) Uma 0-*forma* sobre Ω é uma função infinitamente diferenciável sobre Ω e a valores reais. Assim $\mathsf{F}_0(\Omega) = C^\infty(\Omega)$.

(b) Uma 1-*forma* sobre Ω é uma aplicação $\omega : \mathsf{X}(\Omega) \to C^\infty(\Omega)$ satisfazendo as seguintes propriedades:

$$\omega(L_1 + L_2) = \omega(L_1) + \omega(L_2), \quad L_1, L_2 \in \mathsf{X}(\Omega);$$
$$\omega(f L) = f\omega(L), \quad L \in \mathsf{X}(\Omega), \ f \in C^\infty(\Omega).$$

Assim o espaço $\mathsf{F}_1(\Omega)$ das 1-formas sobre Ω nada mais é que o dual do $C^\infty(\Omega)$-módulo $\mathsf{X}(\Omega)$. Em particular $\mathsf{F}_1(\Omega)$ tem estrutura de espaço vetorial sobre $\mathbb{R}$ e também de $C^\infty(\Omega)$-módulo, onde o produto de um elemento $\omega \in \mathsf{F}_1(\Omega)$ por um elemento $f \in C^\infty(\Omega)$ é dado pela relação

$$(f\omega)(L) = f\,\omega(L), \quad L \in \mathsf{X}(\Omega).$$

Definição 4.8 Se $f \in C^\infty(\Omega)$ definimos o *diferencial* de f como sendo a 1-forma df sobre Ω definida por

$$df(L) = L(f), \quad L \in \mathsf{X}(\Omega).$$

Exemplo 4.9 Para cada $j = 1, \ldots, N$ temos

$$dx_j(L) = L(x_j), \quad L \in \mathsf{X}(\Omega).$$

Em particular

(4.4) $$\mathrm{d}x_i\left(\frac{\partial}{\partial x_j}\right) = \delta_{ij}, \qquad i,j = 1,\ldots,N.$$

Podemos agora obter a representação de qualquer 1-forma sobre Ω.

Teorema 4.10 *Toda $\omega \in \mathsf{F}_1(\Omega)$ se escreve na forma*

(4.5) $$\omega = \sum_{k=1}^{N} b_k(x)\,\mathrm{d}x_k,$$

onde $b_k = \omega(\partial/\partial x_k)$. Assim, $\{\mathrm{d}x_1,\ldots,\mathrm{d}x_N\}$ é dual da base $\{\partial/\partial x_1,\ldots,\partial/\partial x_N\}$.

DEMONSTRAÇÃO: Seja $L \in \mathsf{X}(\Omega)$ dado na forma (4.1). Então

$$\begin{aligned}
\omega(L) &= \omega\left(\sum_{j=1}^{N} a_j \frac{\partial}{\partial x_j}\right) \\
&= \sum_{j=1}^{N} a_j b_j \\
&= \sum_{j=1}^{N}\sum_{k=1}^{N} a_j b_k\,\mathrm{d}x_k\left(\frac{\partial}{\partial x_j}\right) \\
&= \left(\sum_{k=1}^{N} b_k\,\mathrm{d}x_k\right)\left(\sum_{j=1}^{N} a_j \frac{\partial}{\partial x_j}\right) \\
&= \left(\sum_{k=1}^{N} b_k\,\mathrm{d}x_k\right)(L).
\end{aligned}$$

$\square$

Corolário 4.11 *Se $f \in C^\infty(\Omega)$ então*

(4.6) $$\mathrm{d}f = \sum_{k=1}^{N} \frac{\partial f}{\partial x_k}\,\mathrm{d}x_k.$$

DEMONSTRAÇÃO: (4.6) segue de (4.5) e do fato que

$$d f\left(\frac{\partial}{\partial x_k}\right) = \frac{\partial f}{\partial x_k}.$$

$\square$

Definição 4.12 Uma *k-forma* sobre Ω (isto é, um elemento de $\mathsf{F}_k(\Omega)$) é uma aplicação

$$\omega : \underbrace{\mathsf{X}(\Omega) \times \cdots \times \mathsf{X}(\Omega)}_{k \text{ fatores}} \to C^\infty(\Omega)$$

que satisfaz as seguintes propriedades:

(a) ω é $C^\infty(\Omega)$-multilinear, isto é, para cada $j \in \{1, \ldots, N\}$, e fixados $L_1, \ldots, L_{j-1}, L_{j+1}, \ldots, L_N \in \mathsf{X}(\Omega)$, a aplicação

$$L \mapsto \omega(L_1, \ldots, L_{j-1}, L, L_{j+1}, \ldots, L_N)$$

define uma 1-forma sobre Ω.

(b) ω é alternada, isto é, se $L_1, \ldots, L_N \in \mathsf{X}(\Omega)$ e se $1 \leq i < j \leq N$, então

$$\omega(L_1, \ldots, L_i, \ldots, L_j, \ldots, L_N) = -\omega(L_1, \ldots, L_j, \ldots, L_i, \ldots, L_N).$$

Note que, também, os espaços $\mathsf{F}_k(\Omega)$ têm a estrutura de $C^\infty(\Omega)$-módulo.

Em virtude de (a) uma k-forma ω fica determinada pelas funções

$$\omega\left(\frac{\partial}{\partial x_{j_1}}, \ldots, \frac{\partial}{\partial x_{j_k}}\right) \in C^\infty(\Omega), \quad j_1, \ldots, j_k \in \{1, \ldots, N\}.$$

Além disto, levando em conta agora também a propriedade (b), segue que a k-forma ω fica determinada pelas funções

$$\omega\left(\frac{\partial}{\partial x_{j_1}}, \ldots, \frac{\partial}{\partial x_{j_k}}\right) \in C^\infty(\Omega), \quad 1 \leq j_1 < \cdots < j_k \leq N.$$

Em particular segue que $\mathsf{F}_k(\Omega) = 0$ se $k > N$.

Para simplificar um pouco a notação é interessante recorrer a uma nomenclatura conveniente: por um *multi-índice ordenado de comprimento k* entendemos uma sequência finita da forma $J = \{j_1, \ldots, j_k\}$, com $1 \leq j_1 < \cdots < j_k \leq N$. Escreveremos também $|J| = k$.

Se ω é uma k-forma sobre Ω, e se J é um multi-índice ordenado com $|J| = k$, vamos escrever

$$\omega_J \doteq \omega\left(\frac{\partial}{\partial x_{j_1}}, \ldots, \frac{\partial}{\partial x_{j_k}}\right) \in C^\infty(\Omega), \quad J = \{j_1, \ldots, j_k\}.$$

Se também definirmos, para cada multi-índice ordenado J com $|J| = k$, a k-forma $d\,x_J$ pela regra

$$d\,x_J\left(\frac{\partial}{\partial x_{i_1}}, \ldots, \frac{\partial}{\partial x_{i_k}}\right) = \delta_{IJ}, \quad I = \{i_1, \ldots, i_k\} \text{ multi-índice ordenado,}$$

então vemos que toda k-forma ω pode ser representada na forma

$$(4.7) \qquad \omega = {\sum_{|J|=k}}' \omega_J \, d\,x_J,$$

onde a notação $\sum'$ indica que a soma se dá somente sobre os multi-índices ordenados de comprimento k. A representação (4.7) denomina-se *representação canônica da k-forma ω* e permite que interpretemos, de um modo mais informal, os espaços $\mathsf{F}_k(\Omega)$ como o conjunto de todas as somas do tipo (4.7) munido das seguintes operações: se $\omega, \theta \in \mathsf{F}_k(\Omega)$, $f \in C^\infty(\Omega)$,

$$\omega = {\sum_{|J|=k}}' \omega_J \, d\,x_J \quad \text{e} \quad \theta = {\sum_{|J|=k}}' \theta_J \, d\,x_J,$$

então

$$\omega + \theta = {\sum_{|J|=k}}' (\omega_J + \theta_J) \, d\,x_J \quad \text{e} \quad f\omega = {\sum_{|J|=k}}' (f\omega_J) \, d\,x_J.$$

Em particular vemos que $\mathsf{F}_k(\Omega)$ é um $C^\infty(\Omega)$-módulo livre com

$$\dim \mathsf{F}_k(\Omega) = \binom{N}{k},$$

uma vez que este é o número de multi-índices ordenados de comprimento k formado por elementos de $\{1, \ldots, N\}$.

4.3 Produto exterior

Nesta seção vamos introduzir uma operação $C^\infty(\Omega)$-bilinear

$$\mathsf{F}_p(\Omega) \times \mathsf{F}_q(\Omega) \longrightarrow \mathsf{F}_{p+q}(\Omega), \quad (\alpha, \beta) \mapsto \alpha \wedge \beta,$$

denominada de *produto exterior* entre as formas α e β. Para tal faremos uso da representação canônica introduzida acima, e portanto será suficiente definir $\mathrm{d}x_I \wedge \mathrm{d}x_J$, onde I (respectivamente J) é um multi-índice ordenado de comprimento p (respectivamente q). Assim, se $I = \{i_1, \ldots, i_p\}$, $J = \{j_1, \ldots, j_q\}$, com $i_1 < \cdots < i_p$, $j_1 < \cdots < j_q$, poremos

$$(4.8) \qquad \mathrm{d}x_I \wedge \mathrm{d}x_J = \begin{cases} (-1)^\eta \, \mathrm{d}x_{[I,J]} & \text{se } I \cap J = \emptyset, \\ 0 & \text{se } I \cap J \neq \emptyset, \end{cases}$$

onde $[I, J]$ é o multi-índice ordenado de comprimento $p+q$ formado pelos elementos da reunião $I \cup J$ e η é o número de diferenças $j_r - i_s$ que são menores do que zero.

Se tomarmos então $\alpha \in \mathsf{F}_p(\Omega)$, $\beta \in \mathsf{F}_q(\Omega)$, com representações canônicas

$$\alpha = {\sum}'_{|I|=p} \alpha_I \, \mathrm{d}x_I \quad \text{e} \quad \beta = {\sum}'_{|J|=q} \beta_J \, \mathrm{d}x_J,$$

definimos

$$\alpha \wedge \beta \doteq {\sum}'_{|I|=p} {\sum}'_{|J|=q} (\alpha_I \beta_J) \, \mathrm{d}x_I \wedge \mathrm{d}x_J.$$

Note que, em particular, se $f \in C^\infty(\Omega) = \mathsf{F}_0(\Omega)$ e se $\omega \in \mathsf{F}_p(\Omega)$ então

$$f \wedge \omega = f\omega.$$

Proposição 4.13 *Se* $\omega_1, \omega_2, \alpha \in \mathsf{F}_p(\Omega)$, $\beta \in \mathsf{F}_q(\Omega)$, $\gamma \in \mathsf{F}_r(\Omega)$ *e* $f \in C^\infty(\Omega)$, *então*

(P1) $\qquad\qquad (\omega_1 + \omega_2) \wedge \beta = \omega_1 \wedge \beta + \omega_2 \wedge \beta;$

(P2) $\qquad (f\alpha) \wedge \beta = \alpha \wedge (f\beta) = f(\alpha \wedge \beta)$;
(P3) $\qquad \alpha \wedge \beta = (-1)^{pq} \beta \wedge \alpha$;
(P4) $\qquad (\alpha \wedge \beta) \wedge \gamma = \alpha \wedge (\beta \wedge \gamma)$.

DEMONSTRAÇÃO: As propriedades (P1) e (P2) são de fácil verificação. Para (P3) e (P4) basta verificar que se I, J e K são multi-índices ordenados de comprimento p, q e r respectivamente então

$$d x_I \wedge d x_J = (-1)^{pq} d x_J \wedge d x_I$$

e

$$(d x_I \wedge d x_J) \wedge d x_K = d x_I \wedge (d x_J \wedge d x_K),$$

(cf. Exercício 3 do Capítulo 4). $\qquad \square$

Lema 4.14 *Se $J = \{j_1, \ldots, j_k\}$ é um multi-índice ordenado de comprimento k, $1 \leq j_1 < \cdots < j_k \leq N$, então*

(4.9) $\qquad d x_J = d x_{j_1} \wedge \cdots \wedge d x_{j_k}.$

DEMONSTRAÇÃO: Usamos indução sobre k. Para $k = 1$ o resultado é óbvio. Suponhamos então que (4.9) seja válida para multi-índices ordenados de comprimento $k - 1$. Dado então J de comprimento k como no enunciado escrevemos $J = J' \cup \{j_k\}$, onde J' é então um multi-índice ordenado de comprimento $k - 1$. Usando a associatividade do produto exterior e a hipótese de indução segue então que

$$\begin{aligned} d x_{j_1} \wedge \cdots \wedge d x_{j_k} &= (d x_{j_1} \wedge \cdots \wedge d x_{j_{k-1}}) \wedge d x_{j_k} \\ &= d x_{J'} \wedge d x_{j_k} \\ &= d x_J, \end{aligned}$$

onde na última igualdade usamos (4.8), notando que $\eta = 0$ neste caso. $\square$

Exemplo 4.15 Toda $\omega \in \mathsf{F}_N(\Omega)$ se escreve na forma

$$\omega = f \, d x_1 \wedge \cdots \wedge d x_N, \quad f \in C^\infty(\Omega).$$

Em certos cálculos o seguinte resultado será útil. Nele usaremos a seguinte notação: se $i_1, i_2, \ldots, i_k \in \{1, 2, \ldots, N\}$ poremos

$$\varepsilon[i_1, \ldots, i_k] = \prod_{p<q} \mathrm{sgn}(i_q - i_p),$$

onde

$$\mathrm{sgn}(t) = \begin{cases} -1 & \text{se } t < 0, \\ 0 & \text{se } t = 0, \\ 1 & \text{se } t > 0, \end{cases}$$

denota a chamada *função sinal*.

Lema 4.16 *Sejam* $\theta_1, \ldots, \theta_N \in \mathsf{F}_1(\Omega)$. *Se* $i_1, i_2, \ldots, i_k \in \{1, 2, \ldots, N\}$, *então*

$$\theta_{i_1} \wedge \cdots \wedge \theta_{i_k} = \varepsilon[i_1, \ldots, i_k] \theta_{j_1} \wedge \cdots \wedge \theta_{j_k},$$

onde $\{i_1, \ldots, i_k\} = \{j_1, \ldots, j_k\}$ *e* $j_1 \leq \cdots \leq j_k$.

DEMONSTRAÇÃO: Podemos assumir que os índices $i_1, \ldots, i_k$ são todos distintos. A demonstração se dará, novamente, por indução sobre k. O caso $k = 1$ é trivial e portanto assumimos que o lema seja válido para $k - 1$. Notando primeiramente que

$$\varepsilon[i_1, \ldots, i_k] = \pm \varepsilon[i_1, \ldots, i_{k-1}],$$

onde o sinal + (respectivamente −) ocorre se o número de índices i_j, $1 \leq j \leq k - 1$, que são maiores que i_k é par (respectivamente ímpar) a hipótese de indução fornece

$$\begin{aligned} \theta_{i_1} \wedge \cdots \wedge \theta_{i_k} &= \left(\theta_{i_1} \wedge \cdots \wedge \theta_{i_{k-1}} \right) \wedge \theta_{i_k} \\ &= \varepsilon[i_1, \ldots, i_{k-1}] \left(\theta_{j_1} \wedge \cdots \wedge \theta_{j_{k-1}} \right) \wedge \theta_{i_k}, \end{aligned}$$

onde $\{i_1, \ldots, i_{k-1}\} = \{j_1, \ldots, j_{k-1}\}$ e $j_1 < \cdots < j_{k-1}$. Destas considerações o resultado segue imediatamente. $\square$

Lema 4.17 *Sejam* $\Omega \subset \mathbb{R}^N$ *aberto e* $F_1, \ldots, F_N \in C^\infty(\Omega)$. *Então*

(4.10) $$\mathrm{d} F_1 \wedge \cdots \wedge \mathrm{d} F_N = \frac{\partial(F_1, \ldots, F_N)}{\partial(x_1, \ldots, x_N)} \mathrm{d} x_1 \wedge \cdots \wedge \mathrm{d} x_N.$$

DEMONSTRAÇÃO: Temos*

$$\mathrm{d}F_1 \wedge \cdots \wedge \mathrm{d}F_N = \sum_{j_1,j_2,\ldots,j_N} \frac{\partial F_1}{\partial x_{j_1}} \frac{\partial F_2}{\partial x_{j_2}} \cdots \frac{\partial F_N}{\partial x_{j_N}} \, \mathrm{d}x_{j_1} \wedge \mathrm{d}x_{j_2} \wedge \cdots \wedge \mathrm{d}x_{j_N}$$

$$= \left(\sum_{j_1,j_2,\ldots,j_N} \varepsilon[j_1,\ldots,j_N] \frac{\partial F_1}{\partial x_{j_1}} \frac{\partial F_2}{\partial x_{j_2}} \cdots \frac{\partial F_N}{\partial x_{j_N}} \right) \mathrm{d}x_1 \wedge \mathrm{d}x_2 \wedge \cdots \wedge \mathrm{d}x_N$$

$$= \frac{\partial(F_1,\ldots,F_N)}{\partial(x_1,\ldots,x_N)} \, \mathrm{d}x_1 \wedge \cdots \wedge \mathrm{d}x_N.$$

$\square$

4.4 A derivada exterior

Lembremos a definição da aplicação $\mathbb{R}$-linear:

$$\mathrm{d} : \mathsf{F}_0(\Omega) \to \mathsf{F}_1(\Omega), \quad f \mapsto \mathrm{d}f.$$

Note ainda que a regra de Leibniz fornece

(4.11) $\qquad \mathrm{d}(fg) = f\,\mathrm{d}g + g\,\mathrm{d}f = f \wedge \mathrm{d}g + \mathrm{d}f \wedge g.$

Nosso objetivo agora é estender esta definição para formas de grau arbitrário. Se $\omega \in \mathsf{F}_k(\Omega)$ tem representação canônica

$$\omega = {\sum_{|J|=k}}' \omega_J \, \mathrm{d}x_J,$$

definimos

(4.12) $\quad \mathrm{d}\omega = {\displaystyle\sum_{|J|=k}}' (\mathrm{d}\omega_J) \wedge \mathrm{d}x_J = {\displaystyle\sum_{|J|=k}}' \sum_{j=1}^{N} \frac{\partial \omega_J}{\partial x_j} \, \mathrm{d}x_j \wedge \mathrm{d}x_{j_1} \wedge \cdots \wedge \mathrm{d}x_{j_k}.$

---

*Recorde que se $A = (a_{i,j})_{1 \leq i,j \leq N}$ é uma matriz quadrada $N \times N$ então

$$\det A = \sum_{i_1,i_2,\ldots,i_N} \varepsilon[i_1,\ldots,i_N] \, a_{1,i_1} a_{2,i_2} \cdots a_{N,i_N}.$$

Note então que, para cada $k = 0, 1, \ldots, N-1$, d define um operador $\mathbb{R}$-linear
$$d : \mathsf{F}_k(\Omega) \longrightarrow \mathsf{F}_{k+1}(\Omega).$$

Exemplo 4.18 Tomemos $\omega \in \mathsf{F}_1(\Omega)$, onde Ω é um subconjunto aberto de $\mathbb{R}^3$. Escrevendo
$$\omega = \omega_1 \, d\, x_1 + \omega_2 \, d\, x_2 + \omega_3 \, d\, x_3$$
temos
$$d\,\omega = \left(\frac{\partial \omega_2}{\partial x_1} - \frac{\partial \omega_1}{\partial x_2}\right) d\, x_1 \wedge d\, x_2$$
$$+ \left(\frac{\partial \omega_3}{\partial x_1} - \frac{\partial \omega_1}{\partial x_3}\right) d\, x_1 \wedge d\, x_3$$
$$+ \left(\frac{\partial \omega_3}{\partial x_2} - \frac{\partial \omega_2}{\partial x_3}\right) d\, x_2 \wedge d\, x_3.$$

Proposição 4.19 *Sejam* $\alpha \in \mathsf{F}_p(\Omega)$, $\beta \in \mathsf{F}_q(\Omega)$. *Então*

(P5) $\quad\quad\quad d(\alpha \wedge \beta) = d\,\alpha \wedge \beta + (-1)^p \alpha \wedge d\,\beta;$
(P6) $\quad\quad\quad d(d\,\alpha) = 0.$

DEMONSTRAÇÃO: Para (P5) podemos assumir que $\alpha = f \, d\, x_I$, $\beta = g \, d\, x_J$ onde $f, g \in C^\infty(\Omega)$ e $I = \{i_1, \ldots, i_p\}$, $J = \{j_1, \ldots, j_q\}$ são multi-índice ordenados e disjuntos de comprimento p e q respectivamente. Temos
$$\alpha \wedge \beta = (-1)^\eta (fg) \, d\, x_{[I,J]},$$
onde η é o número de diferenças $j_r - i_s$ que são negativas, e portanto

$$d\,(\alpha \wedge \beta) = (-1)^\eta g \, d\, f \wedge d\, x_{[I,J]} + (-1)^\eta f \, d\, g \wedge d\, x_{[I,J]}$$
$$= (d\, f \wedge d\, x_I) \wedge (g \, d\, x_J) + f \, (d\, g \wedge d\, x_I) \wedge d\, x_J$$
$$\stackrel{\star}{=} (d\, f \wedge d\, x_I) \wedge (g \, d\, x_J) + (-1)^p f \, (d\, x_I \wedge d\, g) \wedge d\, x_J$$
$$= (d\, f \wedge d\, x_I) \wedge (g \, d\, x_J) + (-1)^p (f \, d\, x_I) \wedge (d\, g \wedge d\, x_J)$$
$$= d\,\alpha \wedge \beta + (-1)^p \alpha \wedge d\,\beta,$$

onde na igualdade ($\star$) usamos a propriedade (P3).

61

Para demonstramos (P6) primeiramente observamos que se $f \in C^\infty(\Omega)$ então

$$\begin{aligned}
\mathrm{d}(\mathrm{d}\,f) &= \sum_{j=1}^{N}\sum_{k=1}^{N} \frac{\partial^2 f}{\partial x_k \partial x_j}\, \mathrm{d}\,x_k \wedge \mathrm{d}\,x_j \\
&= \left\{\sum_{j<k} + \sum_{j>k}\right\} \left(\frac{\partial^2 f}{\partial x_k \partial x_j}\, \mathrm{d}\,x_k \wedge \mathrm{d}\,x_j\right) \\
&= 0,
\end{aligned}$$

uma vez que $\frac{\partial^2 f}{\partial x_j \partial x_k} = \frac{\partial^2 f}{\partial x_k \partial x_j}$ e $\mathrm{d}\,x_j \wedge \mathrm{d}\,x_k = -\mathrm{d}\,x_k \wedge \mathrm{d}\,x_j$ quaisquer que sejam j e k.

Agora, se $\alpha = f\,\mathrm{d}\,x_I$, onde I é um multi-índice ordenado de comprimento p, então $\mathrm{d}\,\alpha = \mathrm{d}\,f \wedge \mathrm{d}\,x_I$ e portanto, por (P5),

$$\mathrm{d}(\mathrm{d}\,\alpha) = [\mathrm{d}\,(\mathrm{d}\,f)] \wedge \mathrm{d}\,x_I + (-1)^0 f \wedge \mathrm{d}\,(\mathrm{d}\,x_I) = 0,$$

pois $\mathrm{d}(\mathrm{d}\,x_I) = \mathrm{d}(1\,\mathrm{d}\,x_I) = \mathrm{d}\,1 \wedge \mathrm{d}\,x_I = 0$. $\square$

Encerramos este parágrafo com uma importante definição.

Definição 4.20 Uma k-forma $\omega \in \mathsf{F}_k(\Omega)$ é *fechada* se $\mathrm{d}\,\omega = 0$. Dizemos também que $\omega \in \mathsf{F}_k(\Omega)$ é *exata* se $k \geq 1$ e se existir $\alpha \in \mathsf{F}_{k-1}(\Omega)$ tal que $\mathrm{d}\,\alpha = \omega$.

Note que (P6) implica que toda forma exata é fechada. A recíproca, em geral, não é verdadeira e o estudo desta propriedade será um dos objetivos do Capítulo 5 e do Apêndice A.

4.5 Pullback

Sejam $\Omega \subset \mathbb{R}^N$, $U \subset \mathbb{R}^M$ conjuntos abertos e seja também $F: \Omega \to U$ uma aplicação de classe C^∞. Vamos escrever $y = F(x) \in U$, onde $F(x) = (F_1(x), \ldots, F_M(x))$, $x \in \Omega$.

A aplicação "pullback" estende, para formas diferenciais de grau arbitrário, a aplicação $\mathbb{R}$-linear de composição

$$C^\infty(U) \longrightarrow C^\infty(\Omega), \qquad g \mapsto g_F \doteq g \circ F.$$

Seja então $\omega \in \mathsf{F}_p(U)$ com expressão canônica

$$\omega = {\sum_{|I|=p}}' \omega_I \, \mathrm{d} y_{i_1} \wedge \cdots \wedge \mathrm{d} y_{i_p}.$$

Definimos o *"pullback"* de ω pela aplicação F como sendo o elemento de $\mathsf{F}_p(\Omega)$ dado por

(4.13) $$\omega_F \doteq {\sum_{|I|=p}}' (\omega_I \circ F) \, \mathrm{d} F_{i_1} \wedge \cdots \wedge \mathrm{d} F_{i_p}.$$

Note que
$$\mathsf{F}_p(U) \ni \omega \mapsto (\omega)_F \in \mathsf{F}_p(\Omega)$$
é uma aplicação $\mathbb{R}$-linear.

Lema 4.21 *Sejam $\Omega \subset \mathbb{R}^N$, $U \subset \mathbb{R}^M$ conjuntos abertos e $F : \Omega \to U$ de classe C^∞. Se $i_1, \ldots, i_k \in \{1, \ldots, N\}$ então*

(4.14) $$(\mathrm{d} y_{i_1} \wedge \cdots \wedge \mathrm{d} y_{i_k})_F = \mathrm{d} F_{i_1} \wedge \cdots \wedge \mathrm{d} F_{i_k}.$$

DEMONSTRAÇÃO: Segue da definição de "pullback" em conjunto com o Lema 4.16. □

A próxima proposição fornece as propriedades fundamentais do "pullback":

Proposição 4.22 *Sejam $\Omega \subset \mathbb{R}^N$, $U \subset \mathbb{R}^M$ conjuntos abertos e $F : \Omega \to U$ uma aplicação de classe C^∞. Sejam, também, $\alpha \in \mathsf{F}_p(U)$ e $\beta \in \mathsf{F}_q(U)$. Então*

(P7) $\qquad\qquad\qquad (\alpha \wedge \beta)_F = \alpha_F \wedge \beta_F;$
(P8) $\qquad\qquad\qquad \mathrm{d}(\alpha_F) = (\mathrm{d}\alpha)_F.$

DEMONSTRAÇÃO: Para (P7) podemos assumir que $\alpha = \mathrm{d} y_I$, $\beta = \mathrm{d} y_J$ onde I e J são multi-índices de comprimento p e q respectivamente. Escrevendo $I = \{i_1, \ldots, i_p\}$, $J = \{j_1, \ldots, j_q\}$ temos, por (4.14),

$$(\mathrm{d} y_I \wedge \mathrm{d} y_J)_F = (\mathrm{d} y_{i_1} \wedge \cdots \wedge \mathrm{d} y_{i_p} \wedge \mathrm{d} y_{j_1} \wedge \cdots \wedge \mathrm{d} y_{j_q})_F$$

$$= \mathrm{d}F_{i_1} \wedge \cdots \wedge \mathrm{d}F_{i_p} \wedge \mathrm{d}F_{j_1} \wedge \cdots \wedge \mathrm{d}F_{j_q}$$
$$= \left(\mathrm{d}F_{i_1} \wedge \cdots \wedge \mathrm{d}F_{i_p}\right) \wedge \left(\mathrm{d}F_{j_1} \wedge \cdots \wedge \mathrm{d}F_{j_p}\right)$$
$$= (\mathrm{d}y_I)_F \wedge (\mathrm{d}y_J)_F.$$

Passamos agora à demonstração de (P8). Suponhamos, primeiramente, que $\alpha \in \mathsf{F}_0(U)$, isto é, que $\alpha = g \in C^\infty(U)$. Pela regra da cadeia

$$\mathrm{d}[g_F] = \sum_{j=1}^{N} \frac{\partial(g \circ F)}{\partial x_j} \mathrm{d}x_j$$
$$= \sum_{j=1}^{N} \sum_{k=1}^{M} \left(\frac{\partial g}{\partial y_k}\right)_F \frac{\partial F_k}{\partial x_j} \mathrm{d}x_k$$
$$= \sum_{k=1}^{M} \left(\frac{\partial g}{\partial y_k}\right)_F \mathrm{d}F_k$$
$$= (\mathrm{d}g)_F.$$

Para demonstrar (P8) no caso geral podemos assumir, sem perda de generalidade, que $\alpha = g\,\mathrm{d}y_I$, onde $g \in C^\infty(U)$ e $I = \{i_1, \ldots, i_p\}$ é um multi-índice ordenado de comprimento p. Uma vez que

$$\mathrm{d}\left[(\mathrm{d}y_I)_F\right] = \mathrm{d}\left[\mathrm{d}F_{i_1} \wedge \cdots \wedge \mathrm{d}F_{i_p}\right] = 0,$$

obtemos, por (P5),

$$\mathrm{d}\alpha_F = \mathrm{d}\left[g_F\,(\mathrm{d}y_I)_F\right]$$
$$= \mathrm{d}(g_F) \wedge (\mathrm{d}y_I)_F$$
$$= (\mathrm{d}g)_F \wedge (\mathrm{d}y_I)_F$$
$$\stackrel{\star}{=} (\mathrm{d}g \wedge \mathrm{d}y_I)_F$$
$$= (\mathrm{d}\alpha)_F,$$

onde, na igualdade ($\star$), usamos (P7). □

Veremos agora como a operação de "pullback" se comporta com relação a composições. Fixaremos então uma aplicação F como antes e tomaremos $G : U \to V$ de classe C^∞, onde agora V é um subconjunto aberto de $\mathbb{R}^Q$. Escreveremos $z = G(y)$, $y \in U$, e $G = (G_1, \ldots, G_Q)$.

Proposição 4.23 *Se $\omega \in \mathsf{F}_k(V)$ então*

(P9) $\qquad\qquad (\omega_G)_F = (\omega)_{G \circ F}.$

DEMONSTRAÇÃO: Escrevendo

$$\alpha = {\sum_{|I|=k}}' \alpha_I \, \mathrm{d} z_{i_1} \wedge \cdots \wedge \mathrm{d} z_{i_k},$$

temos, por (P7),

$$(\alpha_G)_F = {\sum_{|I|=k}}' ((\alpha_I)_G)_F \, ((\mathrm{d} z_{i_1})_G)_F \wedge \cdots \wedge ((\mathrm{d} z_{i_k})_G)_F$$

e

$$(\alpha)_{G \circ F} = {\sum_{|I|=k}}' (\alpha_I)_{G \circ F} \, (\mathrm{d} z_{i_1})_{G \circ F} \wedge \cdots \wedge (\mathrm{d} z_{i_k})_{G \circ F}.$$

Uma vez que

$$[(\alpha_I)_G]_F = (\alpha_I \circ G) \circ F = \alpha_I \circ (G \circ F) = (\alpha_I)_{G \circ F},$$

vemos imediatamente que (P9) ficará demonstrada se verificarmos sua validade para $\alpha = \mathrm{d} f$, com $f \in C^\infty(V)$. Mas, por (P8),

$$\begin{aligned}(\mathrm{d} f)_{G \circ F} &= \mathrm{d}\,[f \circ (G \circ F)] \\ &= \mathrm{d}\,[(f \circ G) \circ F] \\ &= [\mathrm{d}\,(f \circ G)]_F \\ &= [(\mathrm{d} f)_G]_F.\end{aligned}$$

$\square$

Corolário 4.24 *Se $F : \Omega \to U$ é um difeomorfismo entre subconjuntos abertos Ω e U de $\mathbb{R}^N$ então a aplicação "pullback" $\omega \mapsto \omega_F$ induz isomorfismos de $\mathbb{R}$-espaços vetoriais entre $\mathsf{F}_k(U)$ e $\mathsf{F}_k(\Omega)$, $k = 0, 1, \ldots, N$.*

Concluiremos este capítulo apresentando uma demonstração do importante *Lema de Poincaré*. Sua demonstração evidenciará uma das muitas importantes aplicações do operador de "pullback".

Antes, porém, uma definição: um subconjunto D de $\mathbb{R}^N$ é *estrelado* se existir $x_0 \in D$ satisfazendo a seguinte propriedade: se $x \in D$ e se $t \in [0,1]$ então $x_0 + t(x - x_0) \in D$. Todo conjunto convexo é estrelado; na realidade é fácil ver que D é estrelado se, e só se, D se escreve como a reunião de uma família de conjuntos convexos com intersecção não vazia.

Teorema 4.25 (Lema de Poincaré) *Se Ω é um subconjunto aberto e estrelado de $\mathbb{R}^N$ e se $k \geq 1$ então toda k-forma fechada em Ω é exata.*

DEMONSTRAÇÃO: Seja $\omega \in \mathsf{F}_k(\Omega)$, com representação canônica

$$\omega = {\sum_{|I|=k}}' \omega_I \, \mathrm{d}x_I,$$

e suponhamos que $\mathrm{d}\omega = 0$. Precisamos mostrar a existência de $\alpha \in \mathsf{F}_{k-1}(\Omega)$ tal que $\mathrm{d}\alpha = \omega$. Procederemos do seguinte modo: fixemos $x_0 \in \Omega$ tal que $x_0 + t(x - x_0) \in \Omega$ para todo para $(t,x) \in [0,1] \times \Omega$ e definamos $F : [0,1] \times \Omega \to \Omega$ pela regra

$$F(t,x) = x_0 + t(x - x_0).$$

Podemos escrever

$$(\omega)_F = {\sum_{|I|=k}}' \beta_I(t,x) \, \mathrm{d}x_I + {\sum_{|J|=k-1}}' \gamma_J(t,x) \, \mathrm{d}t \wedge \mathrm{d}x_J.$$

Afirmamos que

$$\alpha = {\sum_{|J|=k-1}}' \left(\int_0^1 \gamma_J(t,x) \, \mathrm{d}t \right) \mathrm{d}x_J$$

satisfaz a propriedade desejada.

De fato, observando que $\mathrm{d}\left[(\omega)_F\right] = (\mathrm{d}\omega)_F = 0$ obtemos

$$0 = \sum_{|I|=k}' \sum_{i=1}^{N} \frac{\partial \beta_I}{\partial x_i} \, dx_i \wedge dx_I$$

$$+ dt \wedge \left(- \sum_{|J|=k-1}' \sum_{j=1}^{N} \frac{\partial \gamma_J}{\partial x_j} \, dx_j \wedge dx_J + \sum_{|I|=k}' \frac{\partial \beta_I}{\partial t} \, dx_I \right).$$

Como o termo entre chaves deve ser identicamente zero, integrando os coeficientes para $t \in [0, 1]$ obtemos

$$d\alpha = \sum_{|I|=k}' \left(\beta_I(1, x) - \beta_I(0, x) \right) dx_I.$$

Para concluir a demonstração basta verificar que $\omega_J(x) = \beta_J(1, x) - \beta_J(0, x)$. Para tal observemos primeiramente que a transformação F se escreve como $F = (F_1, \ldots, F_N)$, onde $F_j(t, x) = x_{0j} + t(x_j - x_{0j})$, (aqui $x_0 = (x_{01}, \ldots, x_{0N})$). Como se vê facilmente que

$$dF_j = (x_j - x_{0j}) \, dt + t \, dx_j \qquad j = 1, \ldots, N,$$

obtemos

$$\beta_J(x, t) = t^k \omega_J \left(x_0 + t(x - x_0) \right),$$

e nossa afirmação segue. $\square$

4.6 Uma observação sobre a invariância

Apesar de termos introduzido a noção de forma diferencial de modo intrínseco [cf. definições 4.7 e 4.12] não adotamos a mesma estratégia quando das definições do produto exterior e da derivada exterior. Tais operações foram definidas sobre as representações "standard" das formas envolvidas, e portanto dependentes das coordenadas $(x_1, \ldots, x_N)$ pré-fixadas. Entretanto, a Proposição 4.22 mostra que as operações de produto e derivada exterior são invariantes por difeomorfismos e portanto tem, também, significado intrínseco.

Apêndice: Módulos sobre anéis comutativos

Seja R um anel comutativo com unidade. Exemplos importantes são $\mathbb{Z}$ (o anel dos inteiros), $\mathbb{R}$, $\mathbb{R}[X]$ (anel dos polinômios com coeficientes reais) e $C^\infty(\Omega)$, onde Ω é um subconjunto aberto de $\mathbb{R}^N$. Por um R-módulo entendemos um grupo abeliano $(M, +)$ em conjunto com uma aplicação

$$R \times M \longrightarrow M, \quad (r, x) \mapsto r \cdot x,$$

satisfazendo as seguintes propriedades:

(i) $\quad r(x+y) = rx + ry,$
(ii) $\quad (r+s)x = rx + sx,$
(iii) $\quad (rs)x = r(sx),$
(iv) $\quad 1x = x,$

para $x, y \in M$, $r, s, 1 \in R$.

Aqui estão alguns exemplos:

1. Todo grupo abeliano $(G, +)$ é naturalmente um $\mathbb{Z}$-módulo, com operações definidas por

$$mx = \begin{cases} \underbrace{x + x + \cdots + x}_{m \text{ vezes}} & \text{se } m > 0, \\ 0 & \text{se } m = 0, \\ \underbrace{(-x) + (-x) + \cdots + (-x)}_{|m| \text{ vezes}} & \text{se } m < 0. \end{cases}$$

2. Todo espaço vetorial sobre $\mathbb{R}$ é um $\mathbb{R}$-módulo.

3. $\mathsf{X}(\Omega)$ é um $C^\infty(\Omega)$-módulo.

4. Se R é um anel comutativo então $R^n \doteq R \times \cdots \times R$ (n fatores) tem uma estrutura natural de R-módulo, onde as operações são assim definidas: se $(x_1, \ldots, x_n), (y_1, \ldots, y_n) \in R^n$ e se $r \in R$ então

$$(x_1, \ldots, x_n) + (y_1, \ldots, y_n) = (x_1 + y_1, \ldots, x_n + y_n),$$
$$r(x_1, \ldots, x_n) = (rx_1, \ldots, rx_n).$$

5. Seja V um espaço vetorial sobre $\mathbb{R}$ e fixemos $T \in L(V)$. Então T define sobre $(V, +)$ uma estrutura de $\mathbb{R}[X]$-módulo pela regra

$$p(X)v = p(T)(v), \quad p \in \mathbb{R}[X],\ v \in V.$$

Sejam M e N R-módulos. Denotaremos por $\operatorname{Hom}_R(M, N)$ o conjunto dos homomorfismos de R-módulos de M em N, isto é, o conjunto de todas as aplicações $f : M \to N$ que satisfazem

$$f(x+y) = f(x) + f(y), \quad x, y \in M;$$
$$f(rx) = rf(x), \quad x \in M,\ r \in R.$$

Note que, com as operações naturais, $\operatorname{Hom}_R(M, N)$ tem estrutura de R-módulo.

Definição 4.26 Dizemos que os R-módulos M e N são *isomorfos* se existe $f \in \operatorname{Hom}_R(M, N)$ bijetora.

Definição 4.27 Seja A um subconjunto de um R-módulo M. Dizemos que A é uma *base* para M se cada $x \in M$ se escreve de modo único na forma

$$x = r_{i_1} x_{i_1} + \cdots + r_{i_n} x_{i_n},$$

onde $x_{i_1}, \ldots, x_{i_n} \in A$, $r_{i_1}, \ldots, r_{i_n} \in R$. Um R-módulo M é *livre* se M tem uma base.

Se um R-módulo M é livre e com base finita então M é isomorfo a R^n para algum $n \geq 0$. O valor de n é unicamente determinado e é denominado *dimensão* do R-módulo M.

Exemplo 4.28 Diferentemente do que ocorre no caso de espaços vetoriais, nem todo R-módulo é livre. Por exemplo, qualquer grupo abeliano finito é um $\mathbb{Z}$-módulo que não é livre. Exemplo de um tal grupo é $\mathbb{Z}_m$, o grupo dos inteiros módulo m. Note que o conjunto $\{1\}$ gera o $\mathbb{Z}$-módulo $\mathbb{Z}_m$ (no sentido que todo elemento de $\mathbb{Z}_m$ é um múltiplo de 1), mas que $k \cdot 1 = 0$ se $k \in \mathbb{Z}$ é um múltiplo de m (e portanto $\{1\}$ não é base de $\mathbb{Z}_m$).

Finalmente observamos o seguinte fato, cuja demonstração é análoga à do caso envolvendo espaços vetoriais. Seja M um R-módulo livre e de dimensão n. Então o mesmo é verdade para $\operatorname{Hom}_R(M,R)$. Mais precisamente, se $\{e_1,\ldots,e_n\}$ é uma base de M e se definirmos $e_j^* \in \operatorname{Hom}_R(M,R)$ pela regra $e_j^*(e_k) = \delta_{jk}$ então $\{e_1^*,\ldots,e_n^*\}$ é uma base de $\operatorname{Hom}_R(M,R)$, denominada a *base dual* de $\{e_1,\ldots,e_n\}$.

5

Integração de Formas Diferenciais e o Teorema de Stokes

Neste capítulo apresentaremos a teoria de integração de formas diferenciais e demonstraremos o teorema de Stokes.

Inicialmente definimos a *integral de uma N-forma*. Para tal sejam então $\Omega \subset \mathbb{R}^N$ aberto e $\omega \in \mathsf{F}_N(\Omega)$. Se $E \Subset \Omega$ é Lebesgue-mensurável definimos

$$\int_E \omega \doteq \int_E f(x)\,\mathrm{d}\,\mathsf{m}(x),$$

onde $f \in C^\infty(\Omega)$ é tal que $\omega = f\,\mathrm{d}\,x_1 \wedge \cdots \wedge \mathrm{d}\,x_N$.

Esta definição é invariante por difeomorfismos "positivos", no seguinte sentido:

Proposição 5.1 *Sejam Ω e Ω' abertos de $\mathbb{R}^N$ e $G : \Omega \to \Omega'$ um difeomorfismo de classe C^∞. Escreva $y = G(x)$ e suponha que $\det G'(x) > 0$ para todo $x \in \Omega$. Então se $\omega \in \mathsf{F}_N(\Omega')$ e se $E \Subset \Omega'$ é Lebesgue-mensurável vale*

$$\int_E \omega = \int_{G^{-1}(E)} \omega_G.$$

DEMONSTRAÇÃO: Se $\omega = f(y)\,\mathrm{d}\,y_1 \wedge \cdots \wedge \mathrm{d}\,y_N$ temos, pelo Lema 4.17,

$$\omega_G = f(G(x)) \det G'(x)\,\mathrm{d}\,x_1 \wedge \cdots \wedge \mathrm{d}\,x_N$$

e portanto

$$\int_{G^{-1}(E)} \omega_G = \int_{G^{-1}(E)} f(G(x)) \det G'(x) \, \mathsf{d}\,\mathsf{m}(x)$$
$$= \int_E f(y) \, \mathsf{d}\,\mathsf{m}(y),$$

em virtude do teorema de mudança de variáveis, já que $\det G'(x) = |\det G'(x)|$ para todo $x \in \Omega$. □

Para estender este conceito a formas de grau arbitrário necessitamos introduzir alguns novos conceitos.

Se $k \geq 1$ definimos o *k-simplexo* "standard" como sendo o conjunto

$$Q^k = \{x = (x_1, \ldots, x_k) \in \mathbb{R}^k : x_1 \geq 0, \ldots, x_k \geq 0,\ x_1 + \cdots + x_k \leq 1\}.$$

É conveniente estender esta definição ao caso $k = 0$ colocando $Q^0 = \{0\}$.

Definição 5.2 Seja Ω um subconjunto aberto de $\mathbb{R}^N$. Uma *k-superfície* em Ω ($k \geq 1$) é uma aplicação $\Phi : B^k \to \Omega$ de classe C^∞, onde B^k é ou o *k*-simplexo "standard" Q^k ou um intervalo compacto em $\mathbb{R}^k$ de volume maior que zero.

Aqui também é interessante estender este conceito ao caso $k = 0$: uma 0-superfície é uma aplicação $\Phi : \{0\} \to \Omega$; assim, 0-superfícies se identificam com pontos de Ω.

A Definição 5.2 requer um comentário importante: dizer que a aplicação Φ é de classe C^∞ significa na realidade dizer que Φ está definida e é de classe C^∞ em um aberto de $\mathbb{R}^k$ que contém B^k.

Definição 5.3 Sejam Ω um subconjunto aberto de $\mathbb{R}^N$, $k \geq 1$ e $\omega \in \mathsf{F}_k(\Omega)$ uma *k*-forma sobre Ω. Se $\Phi : B^k \to \Omega$ é uma *k*-superfície em Ω então a *integral de ω sobre Φ* é definida por

(5.1) $$\int_\Phi \omega \doteq \int_{B^k} (\omega)_\Phi.$$

Note que o "pullback" de ω por Φ é uma *k*-forma em um aberto de $\mathbb{R}^k$ que contém B^k e portanto o lado direito de (5.1) está bem definido.

Novamente é importante estender este conceito ao caso $k = 0$. Se $f \in \mathsf{F}_0(\Omega) = C^\infty(\Omega)$ e se $\Phi : \{0\} \to \Omega$ é uma 0-superfície colocamos

$$\int_\Phi f \doteq f(\Phi(0)).$$

Vamos agora calcular $\int_\Phi \omega$ explicitamente. Para tal escrevamos ω na forma

$$\omega = {\sum_{|I|=k}}' \omega_I \, d x_I = {\sum_{|I|=k}}' \omega_I \, d x_{i_1} \wedge \cdots \wedge d x_{i_k}.$$

Se $\Phi(t) = (\Phi_1(t), \ldots \Phi_N(t))$, com $t = (t_1, \ldots, t_k)$, então, pelo Lema 4.21 do Capítulo 4,

$$(\omega)_\Phi = {\sum_{|I|=k}}' \omega_I(\Phi(t)) \, d \Phi_{i_1}(t) \wedge \cdots \wedge d \Phi_{i_k}(t)$$

$$= {\sum_{|I|=k}}' \omega_I(\Phi(t)) \frac{\partial (\Phi_{i_1}, \ldots, \Phi_{i_k})}{\partial (t_1, \ldots, t_k)}(t) \, d t_1 \wedge \cdots \wedge d t_k$$

e portanto

$$\int_\Phi \omega = \int_{B^k} \left({\sum_{|I|=k}}' \omega_I(\Phi(t)) \frac{\partial (\Phi_{i_1}, \ldots, \Phi_{i_k})}{\partial (t_1, \ldots, t_k)}(t) \right) d\mathsf{m}(t).$$

Note que neste caso a integral de Lebesgue pode ser substituída pela integral de Riemann, o que faremos a partir de agora.

Daremos agora alguns exemplos.

Exemplo 5.4 Suponha $k = 1$, seja $\omega \in \mathsf{F}_1(\Omega)$ e $\gamma : [a,b] \to \Omega$ uma 1-superfície em Ω (também chamada de "curva parametrizada" em Ω). Se

$$\omega = \sum_{j=1}^N \omega_j(x) \, d x_j$$

e se $\gamma = (\gamma_1(t), \ldots, \gamma_N(t))$, então

$$\int_\gamma \omega = \int_a^b \left(\sum_{j=1}^N \omega_j(\gamma(t)) \gamma'_j(t) \right) dt.$$

73

Note que se, em particular, $\omega = \mathrm{d} f$, com $f \in C^\infty(\Omega)$, então

$$(5.2) \quad \int_\gamma \mathrm{d} f = \int_a^b \left[\sum_{j=1}^N \frac{\partial f}{\partial t_j} (\gamma(t)) \gamma'_j(t) \right] \mathrm{d} t$$

$$= \int_a^b (f \circ \gamma)'(t) \, \mathrm{d} t = f(\gamma(b)) - f(\gamma(a)).$$

De (5.2) obtemos uma simples condição necessária para que uma 1-forma seja exata:

- Se Ω é um aberto de $\mathbb{R}^N$ e se ω é uma 1-forma exata sobre Ω, então $\int_\gamma \omega = 0$ para toda curva parametrizada $\gamma : [a,b] \to \mathbb{R}$ com $\gamma(a) = \gamma(b)$.

Mais a frente mostraremos que este critério pode ser apropriadamente estendido para formas de grau arbitrário. Aproveitaremos o momento para aplicá-lo para exibir uma 1-forma em $\mathbb{R}^2 \setminus \{0\}$ que é fechada mas não é exata. De fato, seja $\alpha \in \mathsf{F}_1(\mathbb{R}^2 \setminus \{0\})$ definida por

$$\alpha = \frac{-y}{x^2+y^2} \mathrm{d} x + \frac{x}{x^2+y^2} \mathrm{d} y.$$

Um cálculo direto mostra que $\mathrm{d}\alpha = 0$. Por outro lado, se $\gamma : [0, 2\pi] \to \mathbb{R}^2 \setminus \{0\}$ é dada por $\gamma(t) = (\cos t, \operatorname{sen} t)$ então

$$\int_\gamma \alpha = \int_0^{2\pi} \left(\frac{\operatorname{sen}^2 t}{\operatorname{sen}^2 t + \cos^2 t} + \frac{\cos^2 t}{\operatorname{sen}^2 t + \cos^2 t} \right) \mathrm{d} t = 2\pi,$$

o que mostra que não existe $f \in C^\infty(\mathbb{R}^2 \setminus \{0\})$ satisfazendo $\mathrm{d} f = \alpha$ em $\mathbb{R}^2 \setminus \{0\}$.

Exemplo 5.5 Sejam

$$B^3 = \left\{ (r, \theta, \varphi) \in \mathbb{R}^3 : 0 \leq r \leq 1,\ 0 \leq \theta \leq 2\pi,\ 0 \leq \varphi \leq \pi \right\},$$
$$\Phi : B^3 \to \mathbb{R}^3, \qquad \Phi(r, \theta, \varphi) = (r \operatorname{sen} \varphi \cos \theta, r \operatorname{sen} \varphi \operatorname{sen} \theta, r \cos \varphi).$$

Então um cálculo direto mostra que

$$\int_\Phi \mathrm{d}x_1 \wedge \mathrm{d}x_2 \wedge \mathrm{d}x_3 = -\frac{4\pi}{3}.$$

Sejam agora Ω (respectivamente U) um aberto de $\mathbb{R}^N$ (respectivamente $\mathbb{R}^M$) e seja também $F : \Omega \to U$ uma aplicação de classe C^∞. Se $\Phi : B^k \to \Omega$ é uma k-superfície em Ω então $F \circ \Phi : B^k \to U$ é uma k-superfície em U. Nestas condições temos o seguinte resultado:

Proposição 5.6 *Se $\omega \in \mathsf{F}_k(U)$ então*

(5.3) $$\int_{F \circ \Phi} \omega = \int_\Phi (\omega)_F.$$

DEMONSTRAÇÃO: Uma vez que $(\omega)_{F \circ \Phi} = ((\omega)_F)_\Phi$ (Proposição 4.23 do Capítulo 4) vemos que ambos os lados de (5.3) são iguais a $\int_{B^k} (\omega)_{F \circ \Phi}$. □

5.1 Simplexos e cadeias afins

Dados $p_0, p_1, \ldots, p_k$ em $\mathbb{R}^N$ o *k-simplexo (orientado) afim* definido por $p_0, p_1, \ldots, p_k$ é a k-superfície

$$\sigma = [p_0, p_1, \ldots, p_k]$$

definida por

(5.4) $$\sigma(t_1, \ldots, t_k) = p_0 + \sum_{j=1}^{k} t_j (p_j - p_0), \quad t = (t_1, \ldots, t_k) \in Q^k.$$

Note que σ pode ser expressa como

(5.5) $$\sigma(t) = p_0 + At, \quad t \in Q^k,$$

onde $A \in L(\mathbb{R}^k, \mathbb{R}^N)$ é dada por $Ae_j = p_j - p_0$, $j = 1, \ldots, k$ (aqui, como usual, $\{e_1, \ldots, e_k\}$ denota a base canônica de $\mathbb{R}^k$).

Em particular um 1-simplexo afim $\sigma = [p_0, p_1]$ nada mais é que o segmento *orientado* ligando p_0 a p_1.

É fácil ver que se $\sigma = [p_0, p_1, \ldots, p_k]$ então $\sigma(Q^k)$ é igual à envoltória convexa do conjunto $\{p_0, p_1, \ldots, p_k\}$.

Dado um aberto Ω de $\mathbb{R}^N$ denotaremos por $\mathsf{s}_k(\Omega)$ o conjunto de todos os k-simplexos afins $\sigma = [p_0, p_1, \ldots, p_k]$ tais que $\sigma(Q^k) \subset \Omega$. Note que se $\sigma = [p_0, p_1, \ldots, p_k] \in \mathsf{s}_k(\Omega)$ e se $\overline{\sigma}$ é obtido de σ através de uma permutação dos pontos $p_0, p_1, \ldots, p_k$, isto é,

$$\overline{\sigma} = [p_{i_0}, p_{i_1}, \ldots, p_{i_k}], \quad \{i_0, i_1, \ldots, i_k\} = \{0, 1, \ldots, k\},$$

então $\overline{\sigma}(Q^k) = \sigma(Q^k)$ e, portanto, $\sigma \in \mathsf{s}_k(\Omega)$, logo $\overline{\sigma} \in \mathsf{s}_k(\Omega)$.

Proposição 5.7 *Seja $\sigma \in \mathsf{s}_k(\Omega)$ e seja $\overline{\sigma} \in \mathsf{s}_k(\Omega)$ como acima. Então dada $\omega \in \mathsf{F}_k(\Omega)$ temos*

(5.6) $$\int_{\overline{\sigma}} \omega = \varepsilon[i_0, i_1, \ldots, i_k] \int_{\sigma} \omega.$$

Lembre que, como visto no Capítulo 4, $\varepsilon[i_0, i_1, \ldots, i_k] = \prod_{p<q} \mathrm{sgn}(i_q - i_p)$.

DEMONSTRAÇÃO: Note que podemos assumir $k \geq 1$ (o caso $k = 0$ é óbvio).

Como primeiro caso vamos supor que $\overline{\sigma}$ é obtido de σ simplesmente trocando por p_0 por p_j, para algum $j \in \{1, \ldots, k\}$. Assim teremos

$$\overline{\sigma}(t) = p_j + Bt, \quad t \in Q^k,$$

onde $B \in L(\mathbb{R}^k, \mathbb{R}^N)$ é definida por $Be_j = p_0 - p_j$ e $Be_\ell = p_\ell - p_j$ se $\ell \neq j$.

Em um momento provaremos que $\overline{\sigma} = \sigma \circ T$, onde $T : \mathbb{R}^k \to \mathbb{R}^k$ é da forma $T = e_j + T^0$, com $T^0 \in L(\mathbb{R}^k)$, satisfazendo $T(Q^k) = Q^k$ e $\det T^0 \neq 0$. Assumamos este fato por um momento.

Se $\omega_\sigma = f(t)\,\mathrm{d}t_1 \wedge \cdots \wedge \mathrm{d}t_k$ então

$$(\omega_\sigma)_T = f(T(s))(\det T^0)\,\mathrm{d}s_1 \wedge \cdots \wedge \mathrm{d}s_k$$

e portanto,
$$\int_{\overline{\sigma}} \omega = \int_{Q^k} \omega_{\overline{\sigma}} = (\det T^0) \int_{Q^k} f(T(s)) \, \mathrm{d}s.$$

Por outro lado, aplicando o Teorema de Mudança de Variáveis,
$$\int_{Q^k} f(T(s)) \, \mathrm{d}s = \frac{1}{|\det T^0|} \int_{Q^k} f(u) \, \mathrm{d}u = \frac{1}{|\det T^0|} \int_{\sigma} \omega,$$

de onde obtemos
$$\int_{\overline{\sigma}} \omega = \varepsilon \int_{\sigma} \omega,$$

em que $\varepsilon = \mathrm{sgn}(\det T^0)$.

Para concluir a demonstração deste caso bastará então mostrar a decomposição $\overline{\sigma} = \sigma \circ T$, onde T satisfaz as propriedades mencionadas e, ademais, $\det T^0 = -1$.

Para determinar T iniciamos escrevendo

$$\overline{\sigma}(t) = \mathrm{p}_j + \sum_{\ell \neq j} t_\ell (\mathrm{p}_\ell - \mathrm{p}_j) + t_j (\mathrm{p}_0 - \mathrm{p}_j).$$

$$= \mathrm{p}_0 + \sum_{\ell \neq j} t_\ell (\mathrm{p}_\ell - \mathrm{p}_0) + \left(1 - \sum_{\ell=1}^{k} t_\ell \right) (\mathrm{p}_j - \mathrm{p}_0).$$

Logo teremos

$$T(t) = \left(t_1, \ldots, t_{j-1}, 1 - \sum_{\ell=1}^{k} t_\ell, t_{j+1}, \ldots, t_k \right)$$

$$= e_j + \underbrace{\left(t_1, \ldots, t_{j-1}, -\sum_{\ell=1}^{k} t_\ell, t_{j+1}, \ldots, t_k \right)}_{\doteq T^0(t)},$$

e é agora muito fácil verificar que T satisfaz as propriedades desejadas.

Para concluir a demonstração da proposição resta considerar o caso em que $\overline{\sigma}$ é obtido de σ trocando-se p_j por p_ℓ; mas aqui a decomposição $\overline{\sigma} = \sigma \circ T$ é imediata, uma vez que podemos tomar como T a transformação elementar que permuta e_j com e_k e, portanto, o argumento pode ser repetido sem dificuldades. □

Antes de continuar faremos uma breve digressão. Se A é um conjunto não vazio dizemos que uma função $f : A \to \mathbb{R}$ é *quase nula* se o conjunto $\{a \in A : f(a) \neq 0\}$ é finito. O conjunto de todas as funções quase-nulas em A tem a estrutura de um $\mathbb{R}$-espaço vetorial e é denotado por $\mathbb{R}^{(A)}$. Dado $a \in A$ denotamos por δ_a o elemento de $\mathbb{R}^{(A)}$ definido por

$$\delta_a(a') = \begin{cases} 1 & \text{se } a' = a, \\ 0 & \text{se } a' \neq a. \end{cases}$$

Note que se $f \in \mathbb{R}^{(A)}$ então

(5.7) $$f = \sum_{a \in A} f(a)\delta_a,$$

de onde segue que $\{\delta_a : a \in A\}$ é uma base do $\mathbb{R}$-espaço vetorial $\mathbb{R}^{(A)}$. Normalmente representamos os elementos de $\mathbb{R}^{(A)}$ como uma *combinação linear formal (finita)* do tipo $\sum_a \lambda_a\, a$ onde $\lambda_a \in \mathbb{R}$. Deste modo o próprio conjunto A é entendido como uma base para o $\mathbb{R}$-espaço vetorial $\mathbb{R}^{(A)}$.

Tomando como A o conjunto $\mathsf{s}_k(\Omega)$, o $\mathbb{R}$-espaço vetorial correspondente $\mathbb{R}^{(A)}$ é chamado o *espaço das k-cadeias afins em Ω* e é denotado por $\mathsf{c}_k(\Omega)$. Assim uma k-cadeia afim $\Gamma \in \mathsf{c}_k(\Omega)$ nada mais é que uma combinação linear formal finita

(5.8) $$\Gamma = \sum_i \lambda_i \sigma_i, \quad \lambda_i \in \mathbb{R}, \quad \sigma_i \in \mathsf{s}_k(\Omega).$$

Se $\Gamma \in \mathsf{c}_k(\Omega)$ é como em (5.8) e se $\omega \in \mathsf{F}_k(\Omega)$ definimos

(5.9) $$\int_\Gamma \omega = \sum_i \lambda_i \int_{\sigma_i} \omega.$$

Exemplo 5.8 Seja $\{e_1, e_2\}$ a base canônica de $\mathbb{R}^2$. Então

$$\gamma = 2\,[0, e_1] + [e_1, e_1 + e_2] + [e_1 + e_2, 0]$$

define uma 1-cadeia afim em $\mathbb{R}^2$. Se $f \in C^\infty(\mathbb{R}^2)$ então

$$\int_\gamma \mathrm{d}f = 2\int_{[0,e_1]} \mathrm{d}f + \int_{[e_1,e_1+e_2]} \mathrm{d}f + \int_{[e_1+e_2,0]} \mathrm{d}f$$
$$= 2\{f(e_1) - f(0)\} + \{f(e_1+e_2) - f(e_1)\} + \{f(0) - f(e_1+e_2)\}$$
$$= f(e_1) - f(0).$$

Vamos agora definir a fronteira de uma cadeia afim; para tal tomemos, primeiramente, $\sigma = [p_0, p_1, \ldots, p_k] \in s_k(\Omega)$, onde assumimos $k \geq 1$. A *fronteira* de σ é, por definição, a $(k-1)$-cadeia afim $\partial \sigma \in c_{k-1}(\Omega)$ dada por

(5.10) $$\partial \sigma = \sum_{j=0}^k (-1)^j [p_0, \ldots, \widehat{p_j}, \ldots, p_k],$$

onde, como é usual, o termo assinalado por $\widehat{}$ é omitido da expressão. Estendemos, por linearidade, o operador ∂ a uma aplicação $\mathbb{R}$-linear

$$\partial : c_k(\Omega) \longrightarrow c_{k-1}(\Omega).$$

Assim, se Γ é como em (5.8) então

$$\partial \Gamma = \sum_i \lambda_i \partial \sigma_i.$$

Exemplo 5.9 Seja $\sigma = [p_0, p_1]$ um 1 simplexo afim em $\mathbb{R}^N$ (isto é, um segmento orientado). Então

$$\partial \sigma = [p_1] - [p_0].$$

Exemplo 5.10 Seja $\sigma = [p_0, p_1, p_2]$ um 2-simplexo afim em $\mathbb{R}^N$. Então

$$\partial \sigma = [p_1, p_2] - [p_0, p_2] + [p_0, p_1].$$

Exemplo 5.11 Seja γ a 1-cadeia afim descrita no Exemplo 5.8. Então

$$\partial \gamma = 2\{[e_1] - [0]\} + \{[e_1+e_2] - [e_1]\} + \{[0] - [e_1+e_2]\} = [e_1] - [0].$$

Note então que o valor da integral obtido no Exemplo 5.8 pode ser expresso como

$$\int_\gamma df = \int_{\partial\gamma} f.$$

Introduziremos agora uma notação que será útil durante toda a exposição. Se $\{e_1, \ldots, e_k\}$ denota a base canônica de $\mathbb{R}^k$ então $\sigma = [0, e_1, \ldots, e_k]$ nada mais é que a aplicação identidade $Q^k \to Q^k$. Por outro lado, escrevendo

$$\tau_0 = [e_1, \ldots, e_k] \quad \text{e} \quad \tau_j = [0, e_1, \ldots, \widehat{e_j}, \ldots, e_k] \quad \text{para} \quad j \geq 1,$$

temos

(5.11) $$\partial[0, e_1, \ldots, e_k] = \sum_{j=0}^{k} (-1)^j \tau_j.$$

Note que τ_j definem aplicações definidas em Q^{k-1} e a valores em Q^k. Logo, se $\sigma \in \mathsf{s}_k(\Omega)$ então $\sigma \circ \tau_j \in \mathsf{s}_{k-1}(\Omega)$ e um momento de reflexão leva à conclusão que

(5.12) $$\partial\sigma = \sum_{j=0}^{k}(-1)^j (\sigma \circ \tau_j).$$

5.2 O teorema de Stokes (primeira versão)

Passaremos agora à demonstração da primeira versão do importante Teorema de Stokes, que nada mais é que a generalização da igualdade obtida no Exemplo 5.11.

Teorema de Stokes I. *Sejam* $k \geq 1$, $\Omega \subset \mathbb{R}^N$ *aberto*, $\omega \in \mathsf{F}_{k-1}(\Omega)$ *e* $\Gamma \in \mathsf{c}_k(\Omega)$. *Então*

(5.13) $$\int_{\partial\Gamma} \omega = \int_\Gamma d\omega.$$

DEMONSTRAÇÃO: É fácil ver que é suficiente demonstrar (5.13) quando $\Gamma = \sigma \in \mathsf{s}_k(\Omega)$. Temos então

$$\int_\sigma d\omega = \int_{Q^k} (d\omega)_\sigma = \int_{Q^k} d\omega_\sigma = \int_{[0,e_1,\ldots,e_k]} d\omega_\sigma.$$

Por outro lado, por (5.12) e pela Proposição 5.6,

$$\int_{\partial\sigma} \omega = \sum_{j=0}^{k} (-1)^j \int_{\sigma \circ \tau_j} \omega = \sum_{j=0}^{k} (-1)^j \int_{\tau_j} \omega_\sigma = \int_{\partial[0,e_1,\ldots,e_k]} \omega_\sigma,$$

o que mostra então que é suficiente demonstrar (5.13) quando $\Gamma = [0, e_1, \ldots, e_k]$ (onde $\{e_1, \ldots, e_k\}$ é a base canônica de $\mathbb{R}^k$) e ω é uma $(k-1)$-forma definida em um aberto de $\mathbb{R}^k$ que contém Q^k. Escrevendo ω na forma

$$\omega = \sum_{j=1}^{k} \omega_j \, d x_1 \wedge \cdots \wedge \widehat{d x_j} \wedge \cdots \wedge d x_k,$$

vemos, finalmente, que é suficientemente demonstrar (5.13) no caso em que

$$\Gamma = [0, e_1, \ldots, e_k] \quad \text{e} \quad \omega = f(x) \, d x_1 \wedge \cdots \wedge \widehat{d x_r} \wedge \cdots \wedge d x_k,$$

onde $r \in \{1, \ldots, k\}$ e f é de classe C^∞ em algum aberto que contém Q^k.

Para tal notamos primeiramente que

$$\begin{aligned} d\omega &= \left(\sum_{i=1}^{k} \frac{\partial f}{\partial x_i} \, d x_i\right) \wedge d x_1 \wedge \cdots \wedge \widehat{d x_r} \wedge \cdots \wedge d x_k \\ &= \frac{\partial f}{\partial x_r} d x_r \wedge d x_1 \wedge \cdots \wedge \widehat{d x_r} \wedge \cdots \wedge d x_k \\ &= (-1)^{r-1} \frac{\partial f}{\partial x_r} \, d x_1 \wedge \cdots \wedge d x_k \end{aligned}$$

e portanto

$$(5.14) \qquad \int_{[0,e_1,\ldots,e_k]} d\omega = (-1)^{r-1} \int_{Q^k} \frac{\partial f}{\partial x_r}(t) \, d t.$$

Por outro lado temos

(5.15) $$\int_{\partial[0,e_1,\ldots,e_k]} \omega = \int_{\tau_0} \omega + \sum_{j=1}^{k}(-1)^j \int_{\tau_j} \omega.$$

Seja $j \in \{1,\ldots,k\}$ fixado. Escrevendo as coordenadas em Q^{k-1} como $t = (t_1,\ldots,\widehat{t_j},\ldots,t_k)$ temos

$$\tau_j(t) = \sum_{\ell \neq j} t_\ell\, e_\ell = (t_1,\ldots,t_{j-1},0,t_{j+1},\ldots,t_k)$$

e portanto,
$$\omega_{\tau_j} = 0 \quad \text{se} \quad j \neq r,$$

e

$$\omega_{\tau_r} = f(t_1,\ldots,t_{r-1},0,t_{r+1},\ldots,t_k)\, \mathrm{d}t_1 \wedge \cdots \wedge \widehat{\mathrm{d}t_r} \wedge \cdots \wedge \mathrm{d}t_k.$$

Consequentemente,

(5.16) $$\sum_{j=1}^{k}(-1)^j \int_{\tau_j} \omega$$
$$= (-1)^r \int_{Q^{k-1}} f(t_1,\ldots,t_{r-1},0,t_{r+1},\ldots,t_k)\, \mathrm{d}t_1 \ldots \widehat{\mathrm{d}t_r} \ldots \mathrm{d}t_k.$$

Agora, pela Proposição 5.7,

$$\int_{\tau_0} \omega = (-1)^{r-1} \int_{\overline{\tau}} \omega,$$

onde $\overline{\tau} = [e_r, e_1, \ldots, e_{r-1}, e_{r+1}, \ldots, e_k]$. Escrevendo, como antes, as coordenadas em Q^{k-1} na forma $t = (t_1,\ldots,\widehat{t_r},\ldots,t_k)$, temos

$$\overline{\tau}(t) = e_r + \sum_{j \neq r} t_j(e_j - e_r) = \left(t_1,\ldots,t_{r-1}, 1 - \sum_{j \neq r} t_j, t_{r+1},\ldots,t_k\right),$$

donde

$$\omega_{\overline{\tau}} = f\left(t_1, \ldots, t_{r-1}, 1 - \sum_{j \neq r} t_j, t_{r+1}, \ldots, t_k\right) dt_1 \wedge \cdots \wedge \widehat{dt_r} \wedge \cdots \wedge dt_k.$$

Assim

$$(5.17) \quad \int_{\tau_0} \omega$$

$$= (-1)^{r-1} \int_{Q^{k-1}} f\left(t_1, \ldots, t_{r-1}, 1 - \sum_{j \neq r} t_j, t_{r+1}, \ldots, t_k\right) dt_1 \ldots \widehat{dt_r} \ldots dt_k.$$

De (5.15), (5.16) e (5.17) obtemos então

$$\int_{\partial[0,e_1,\ldots,e_k]} \omega = (-1)^r \int_{Q^{k-1}} f(t_1, \ldots, t_{r-1}, 0, t_{r+1}, \ldots, t_k) dt_1 \ldots \widehat{dt_r} \ldots dt_k$$

$$+ (-1)^{r-1} \int_{Q^{k-1}} f\left(t_1, \ldots, t_{r-1}, 1 - \sum_{j \neq r} t_j, t_{r+1}, \ldots, t_k\right) dt_1 \ldots \widehat{dt_r} \ldots dt_k$$

$$= (-1)^{r-1} \int_{Q^k} \frac{\partial f}{\partial x_r}(t) dt,$$

onde, na última igualdade, utilizamos o Teorema Fundamental do Cálculo na variável t_r. Tendo em vista (5.14) vemos que a demonstração do Teorema de Stokes está completa. $\square$

5.3 Simplexos e cadeias singulares

Se Ω é um subconjunto aberto de $\mathbb{R}^N$ então uma k-superfície $\xi : Q^k \to \Omega$ será chamada de k-simplexo singular em Ω. O conjunto dos k-simplexos singulares em Ω será denotado po $S_k(\Omega)$. Note que $s_k(\Omega) \subset S_k(\Omega)$.

Como antes, uma k-cadeia singular em Ω será uma combinação linear formal finita

$$(5.18) \qquad \Theta = \sum_i \lambda_i \xi_i, \quad \lambda_i \in \mathbb{R}, \ \xi_i \in S_k(\Omega).$$

O conjunto das k-cadeias singulares, denotado por $C_k(\Omega)$, tem estrutura de $\mathbb{R}$-espaço vetorial que contém $c_k(\Omega)$ como subespaço. Note também que podemos definir, de modo natural, a integral de $\omega \in F_k(\Omega)$ sobre Θ definida por (5.18) pela expressão

$$\int_\Theta \omega = \sum_i \lambda_i \int_{\xi_i} \omega.$$

Como anteriormente podemos também definir, para cada $k \geq 1$, um operador $\mathbb{R}$-linear, denominado *operador de fronteira*,

(5.19) $\qquad\qquad \partial : C_k(\Omega) \to C_{k-1}(\Omega)$

que estende o operador $\partial : c_k(\Omega) \to c_{k-1}(\Omega)$ introduzido anteriormente (cf. Exercício 7 do Capítulo 5).

Para definir o operador (5.19) bastará definir $\partial \xi$, com $\xi \in S_k(\Omega)$. Mas, como antes, $\xi \circ \tau_j \in S_{k-1}(\Omega)$, $j = 0, 1, \ldots, k$, e portanto é natural estender (5.12) para

(5.20) $\qquad\qquad \partial \xi \doteq \sum_{j=0}^{k} (-1)^j \xi \circ \tau_j .$

5.4   O teorema de Stokes (segunda versão)

Temos agora tudo para demonstrar uma versão mais geral do Teorema de Stokes.

Teorema de Stokes II. *Sejam $k \geq 1$, $\Omega \subset \mathbb{R}^N$ aberto, $\omega \in F_{k-1}(\Omega)$ e $\Theta \in C_k(\Omega)$. Então*

(5.21) $\qquad\qquad \displaystyle\int_{\partial \Theta} \omega = \int_\Theta d\omega .$

DEMONSTRAÇÃO: Como na demonstração do Teorema de Stokes I podemos assumir que $\Theta = \xi \in S_k(\Omega)$. Como

$$(d\omega)_\xi = d(\omega_\xi),$$

e denotando novamente por $\{e_1, \ldots, e_k\}$ a base canônica de $\mathbb{R}^k$, o Teorema de Stokes I fornece

$$\int_\xi d\omega = \int_{[0,e_1,\ldots,e_k]} d(\omega_\xi)$$
$$= \int_{\partial[0,e_1,\ldots,e_k]} \omega_\xi$$
$$= \sum_{j=0}^{k} (-1)^j \int_{\tau_j} \omega_\xi$$
$$= \sum_{j=0}^{k} (-1)^j \int_{\xi \circ \tau_j} \omega$$
$$= \int_{\partial\xi} \omega.$$

$\square$

Como consequência desta versão do Teorema de Stokes obtemos uma generalização natural do resultado exposto no Exemplo 5.4. Para tal definiremos

$$Z_k(\Omega) = \left\{ \Theta \in C_k(\Omega) : \int_\Theta \beta = 0, \forall \beta \in F_k(\Omega) \right\}.$$

Note que $Z_0(\Omega) = 0$ (ver Exercício 1 do Capítulo 5) mas que isto não se verifica quando $k \geq 1$. Por exemplo, se p_0, p_1 são tais que o segmento que os une está contido em Ω então $0 \neq [p_0, p_1] + [p_1, p_0] \in Z_1(\Omega)$.

Corolário 5.12 *Sejam* $\Omega \subset \mathbb{R}^N$ *aberto e* $\omega \in F_k(\Omega)$ *uma k-forma fechada* $(k \geq 1)$. *Uma condição necessária para que* ω *seja exata é que*

$$\int_\Theta \omega = 0$$

para $\Theta \in C_k(\Omega)$ *satisfazendo* $\partial\Theta \in Z_{k-1}(\Omega)$.

DEMONSTRAÇÃO: Suponha que exista $\alpha \in \mathsf{F}_{k-1}(\Omega)$ tal que $d\alpha = \omega$. Então, se Θ é como no enunciado,

$$\int_\Theta \omega = \int_\Theta d\alpha = \int_{\partial\Theta} \alpha = 0.$$

□

6

Exemplos e Aplicações

6.1 A fórmula de Green para o disco

Iniciamos o capítulo obtendo a fórmula de Green para um disco no plano cartesiano. Para tal consideremos, primeiramente, um intervalo compacto em $\mathbb{R}^2$ da forma
$$I = [a,b] \times [c,d],$$
onde $a < b$ e $c < d$. Pelo Teorema de Stokes I e pelo Exercício 6 do Capítulo 5 podemos afirmar:

- Se ω é uma 1-forma definida em um aberto Ω de $\mathbb{R}^2$ que contém I então

(6.1) $$\int_I d\omega = \int_\Gamma \omega,$$

onde $\Gamma \in c_1(\Omega)$ é dada por

$$\Gamma = [(a,c),(b,c)] + [(b,c),(b,d)] - [(a,d),(b,d)] - [(a,c),(a,d)].$$

Seja então $J = [0,R] \times [0,2\pi]$ e consideremos a 2-superfície $\sigma : J \to \mathbb{R}^2$ definida por
$$\sigma(r,\theta) = (r\cos\theta, r\operatorname{sen}\theta).$$
Note que $\sigma(J) = D$, o disco fechado centrado na origem e de raio R.

Seja então $\omega = P(x,y)\,dx + Q(x,y)\,dy$ uma 1-forma definida em uma vizinhança de D. Por (6.1) podemos escrever

(6.2) $$\int_J (d\omega)_\sigma = \int_J d(\omega)_\sigma = \int_\Gamma \omega_\sigma.$$

Agora, uma vez que
$$d(r\cos\theta) = (\cos\theta)\,dr - (r\,\mathrm{sen}\,\theta)\,d\theta,$$
$$d(r\,\mathrm{sen}\,\theta) = (\mathrm{sen}\,\theta)\,dr + (r\cos\theta)\,d\theta,$$

e que
$$d(r\cos\theta) \wedge d(r\,\mathrm{sen}\,\theta) = r\,dr \wedge d\theta,$$

obtemos

$$\begin{aligned}\omega_\sigma &= P(r\cos\theta, r\,\mathrm{sen}\,\theta)\,d(r\cos\theta) + Q(r\cos\theta, r\,\mathrm{sen}\,\theta)\,d(r\,\mathrm{sen}\,\theta)\\ &= [(\cos\theta)\,P(r\cos\theta, r\,\mathrm{sen}\,\theta)) + (\mathrm{sen}\,\theta)\,Q(r\cos\theta, r\,\mathrm{sen}\,\theta)]\,dr\\ &\quad + r\,[(\cos\theta)\,Q(r\cos\theta, r\,\mathrm{sen}\,\theta) - (\mathrm{sen}\,\theta)\,P(r\cos\theta, r\,\mathrm{sen}\,\theta)]\,d\theta\end{aligned}$$

e

$$(d\omega)_\sigma = \left(\frac{\partial Q}{\partial y}(r\cos\theta, r\,\mathrm{sen}\,\theta) - \frac{\partial P}{\partial x}(r\cos\theta, r\,\mathrm{sen}\,\theta)\right) r\,dr \wedge d\theta.$$

Substituindo em (6.2) obtemos,

$$\int_J \left(\frac{\partial Q}{\partial y}(r\cos\theta, r\,\mathrm{sen}\,\theta) - \frac{\partial P}{\partial x}(r\cos\theta, r\,\mathrm{sen}\,\theta)\right) r\,dr\,d\theta = \int_\Gamma \omega_\sigma,$$

ou ainda,

$$\int_D d\omega = \int_\Gamma \omega_\sigma.$$

Escrevendo $\Gamma = [(0,0),(R,0)] + [(R,0),(R,2\pi)] - [(0,2\pi),(R,2\pi)] - [(0,0),(0,2\pi)]$ e observando que um simples cálculo mostra que

$$\int_{[(0,0),(0,2\pi)]} \omega_\sigma = 0, \qquad \int_{[(0,0),(R,0)]} \omega_\sigma = \int_{[(0,2\pi),(R,2\pi)]} \omega_\sigma$$

obtemos
$$\int_\Gamma \omega_\sigma = \int_{[(R,0),(R,2\pi)]} \omega_\sigma = \int_\gamma \omega,$$

onde agora $\gamma(\theta) = (R\cos\theta, r\,\text{sen}\,\theta)$, $\theta \in [0, 2\pi]$. Concluindo, obtemos a *fórmula de Green para o disco D*:

- Se D denota o disco fechado centrado na origem e de raio $R > 0$ e se ω é uma 1-forma definida em uma vizinhança de D então

(6.3) $$\int_D d\omega = \oint_{\partial D} \omega,$$

onde a fronteira de D é percorrida uma única vez e no sentido anti-horário.

6.2 Abertos regulares

Definição 6.1 Seja $\Omega \in \mathbb{R}^N$ um aberto. Diremos que Ω é um *aberto regular* se existirem abertos $U \supset Q^N$, $V \supset \overline{\Omega}$ e um difeomorfismo de classe C^∞ $\sigma : U \to V$ satisfazendo as seguintes propriedades:

(i) $\sigma(Q^N) = \overline{\Omega}$.

(ii) $\det \sigma'(x) > 0$ *para todo* $x \in Q^N$.

O difeomorfismo σ é chamado de uma *parametrização positiva* do aberto regular Ω. Note que $\sigma(\text{Fr}(Q^N)) = \text{Fr}(\Omega)$, onde $\text{Fr}(A)$ denota a fronteira topológica de A, isto é, $\text{Fr}(A) = \overline{A} \setminus \mathring{A}$, e também que $\sigma|_{Q^N}$ define um elemento de $\mathsf{C}_N(V)$.

Lema 6.2 *Se Ω é um aberto regular com parametrização positiva σ e se $\omega = f\,dx_1 \wedge \cdots \wedge dx_N$ é uma N-forma definida em alguma vizinhança de $\overline{\Omega}$ então*

(6.4) $$\int_{\overline{\Omega}} \omega = \int_{\sigma|_{Q^N}} \omega.$$

DEMONSTRAÇÃO: Uma vez que
$$(\omega)_\sigma = f(\sigma(t)) \det \sigma'(t)\, dt_1 \wedge \cdots \wedge \cdots \wedge dt_N,$$

temos
$$\int_{\sigma|_{Q^N}} \omega = \int_{Q^N} (\omega)_\sigma = \int_{Q^N} f(\sigma(t)) \det \sigma'(t) \, \mathrm{d}\, \mathsf{m}(t).$$

Como ainda $\det \sigma'(t) > 0$, pelo Teorema de Mudança de Variáveis obtemos então

$$\int_{\sigma|_{Q^N}} \omega = \int_{Q^N} f(\sigma(t)) \, |\det \sigma'(t)| \, \mathrm{d}\, \mathsf{m}(t)$$
$$= \int_{\overline{\Omega}} f(x) \, \mathrm{d}\, \mathsf{m}(x) = \int_{\overline{\Omega}} \omega.$$

$\square$

Nas mesmas condições que acima, seja agora α uma $(N-1)$-forma definida em uma vizinhança de $\overline{\Omega}$. Pelo Teorema de Stokes II temos

$$\int_{\overline{\Omega}} \mathrm{d}\,\alpha = \int_{\partial(\sigma|_{Q^N})} \alpha,$$

igualdade que mostra, em particular, que o valor do lado direito é independente da parametrização positiva do aberto regular Ω escolhida. Este valor comum é então denotado por $\int_{\partial\Omega} \alpha$ e assim obtemos a *fórmula de Stokes*,

(6.5) $$\int_{\overline{\Omega}} \mathrm{d}\,\alpha = \int_{\partial\Omega} \alpha.$$

Por exemplo, quando $N=2$ temos que α é uma 1-forma, digamos $\alpha = P(x,y)\,\mathrm{d}\,x + Q(x,y)\,\mathrm{d}\,y$, com P e Q definidas e de classe C^∞ em um aberto que contém $\overline{\Omega}$. Uma vez que

$$\mathrm{d}\,\alpha = \left(\frac{\partial Q}{\partial x} - \frac{\partial P}{\partial y}\right)\mathrm{d}\,x \wedge \mathrm{d}\,y,$$

então (6.5) se torna a fórmula de Green:

(6.6) $$\int_{\overline{\Omega}} \left(\frac{\partial Q}{\partial x} - \frac{\partial P}{\partial y}\right) \mathrm{d}\,\mathsf{m}(x,y) = \int_{\partial\Omega} (P\,\mathrm{d}\,x + Q\,\mathrm{d}\,y).$$

A partir de agora assumiremos $N \geq 3$ e discutiremos o chamado Teorema da Divergência (de Gauss). Iniciamos com uma definição.

Definição 6.3 Dados $U \subset \mathbb{R}^N$ aberto e $L \in \mathsf{X}(U)$, $L = \sum_{j=1}^{N} a_j(x)\partial/\partial x_j$, definimos o *divergente de L* como sendo o elemento de $C^\infty(U)$ definido por

$$\mathrm{div}(L) = \sum_{j=1}^{N} \frac{\partial a_j}{\partial x_j}.$$

A cada $L \in \mathsf{X}(U)$ associamos uma $(N-1)$-forma $\omega^{(L)} \in \mathsf{F}_{N-1}(U)$ pela regra

(6.7) $$\omega^{(L)} = \sum_{j=1}^{N} (-1)^{j-1} a_j(x)\, \mathrm{d}x_1 \wedge \cdots \wedge \widehat{\mathrm{d}x_j} \wedge \cdots \wedge \mathrm{d}x_N.$$

Se observarmos que

$$\begin{aligned}
\mathrm{d}\omega^{(L)} &= \sum_{j=1}^{N} (-1)^{j-1}\, \mathrm{d}a_j(x) \wedge \mathrm{d}x_1 \wedge \cdots \wedge \widehat{\mathrm{d}x_j} \wedge \cdots \wedge \mathrm{d}x_N \\
&= \sum_{j=1}^{N} (-1)^{j-1} \left(\sum_{k=1}^{N} \frac{\partial a_j}{\partial x_k}\, \mathrm{d}x_k \right) \wedge \mathrm{d}x_1 \wedge \cdots \wedge \widehat{\mathrm{d}x_j} \wedge \cdots \wedge \mathrm{d}x_N \\
&= \sum_{j=1}^{N} (-1)^{j-1} \frac{\partial a_j}{\partial x_j}\, \mathrm{d}x_j \wedge \mathrm{d}x_1 \wedge \cdots \wedge \widehat{\mathrm{d}x_j} \wedge \cdots \wedge \mathrm{d}x_N \\
&= \sum_{j=1}^{N} \frac{\partial a_j}{\partial x_j}\, \mathrm{d}x_1 \wedge \cdots \wedge \mathrm{d}x_N \\
&= \mathrm{div}(L)\, \mathrm{d}x_1 \wedge \cdots \wedge \mathrm{d}x_N,
\end{aligned}$$

obtemos, de (6.5), a seguinte conclusão: *se Ω é um aberto regular de $\mathbb{R}^N$ e se L é um campo vetorial definido em uma vizinhança de $\overline{\Omega}$ então vale a fórmula de Gauss*

(6.8) $$\int_{\overline{\Omega}} \mathrm{div}(L)(x)\, \mathrm{d}\mathsf{m}(x) = \int_{\partial \Omega} \omega^{(L)}.$$

Se $\tau_j : Q^{N-1} \to Q^N$, $j = 0, 1, \ldots, N$, são definidas como antes:

$$\tau_0 = [e_1, \ldots, e_N], \quad \tau_j = [0, e_1, \ldots, \widehat{e_j}, \ldots, e_N], \quad j = 1, \ldots, N,$$

onde $\{e_1, \ldots, e_N\}$ denota a base canônica de $\mathbb{R}^N$, então em (6.8) temos

(6.9) $$\int_{\partial \Omega} \omega^{(L)} = \sum_{j=0}^{N} (-1)^j \int_{Q^{N-1}} \left(\omega^{(L)}\right)_{\sigma \circ \tau_j}.$$

Aqui σ é *qualquer* parametrização positiva de Ω. Interpretaremos a seguir cada uma das parcelas do lado direito de (6.9).

Antes de tudo faremos uma pequena pausa para uma recordação.

Digressão. Se $m \geq 3$ e se $v_1, \ldots, v_{m-1}$ são vetores em $\mathbb{R}^m$, $v_j = (v_{j1}, \ldots, v_{jm})$, então o produto vetorial de $v_1, \ldots, v_{m-1}$ é definido por

$$v_1 \times \cdots \times v_{m-1} = \begin{pmatrix} e_1 & e_2 & \cdots & e_m \\ v_{11} & v_{12} & \cdots & v_{1m} \\ \vdots & \vdots & \ddots & \vdots \\ v_{m-1,1} & v_{m-1,2} & \cdots & v_{m-1,m} \end{pmatrix},$$

onde $\{e_1, \ldots, e_m\}$ denota a base canônica de $\mathbb{R}^m$. Assim

$$v_1 \times \cdots \times v_{m-1} = \sum_{j=1}^{m} \left[(-1)^{j-1} \det A_j\right] e_j,$$

em que A_j é a matriz obtida de

$$\begin{pmatrix} v_{11} & v_{12} & \cdots & v_{1m} \\ \vdots & \vdots & \ddots & \vdots \\ v_{m-1,1} & v_{m-1,2} & \cdots & v_{m-1,m} \end{pmatrix}$$

eliminando-se a j-ésima coluna. Observamos que:

- $v_1, \ldots, v_{m-1}$ são linearmente independentes se, e somente se, $v_1 \times \cdots \times v_{m-1} \neq 0$;
- $(v_1 \times \cdots \times v_{m-1}) \perp v_j$ para todo $j = 1, \ldots, m-1$;

- Se $A = \{a_{ij}\}$ é uma matriz $(m-1) \times (m-1)$ e se $w_i = \sum_{j=1}^{m-1} a_{ij} v_j$ então
$$w_1 \times \cdots \times w_{m-1} = (\det A)(v_1 \times \cdots \times v_{m-1}).$$

Retornamos agora à análise de (6.9). Seja $\psi : Q^{N-1} \to \mathbb{R}^N$ um $(N-1)$-simplexo singular em $\mathbb{R}^N$. Assumimos que ψ está definida e é de classe C^∞ em uma vizinhança do fecho de um aberto limitado U de $\mathbb{R}^{N-1}$ que contém Q^{N-1}, que ψ é injetora e que $\psi'(t)$ tem posto $N-1$ para todo t. Então

(6.10) $$S \doteq \psi(U)$$

é uma *hipersuperfície regular parametrizada* em $\mathbb{R}^N$. Dado $\psi(t_0) \in S$ o espaço tangente a S em $\psi(t_0)$ é o espaço vetorial

$$T_{t_0} S \doteq \text{span}\left\{ \frac{\partial \psi}{\partial t_1}(t_0), \ldots, \frac{\partial \psi}{\partial t_{N-1}}(t_0) \right\}.$$

Temos $\dim T_{t_0} S = N-1$, qualquer que seja $t_0 \in U$, uma vez que por definição os vetores $\partial \psi / \partial t_j$ são linearmente independentes. O vetor

$$\vec{N}_\psi(t_0) = \frac{\partial \psi}{\partial t_1}(t_0) \times \cdots \times \frac{\partial \psi}{\partial t_{N-1}}(t_0)$$

é então normal a $T_{t_0} S$. Note que obtemos um campo de vetores normal e unitário a S pela regra

$$S \ni p \mapsto \vec{n}(p) = \frac{\vec{N}_\psi(t)}{|\vec{N}_\psi(t)|}, \quad \psi(t) = p.$$

Consideremos agora a σ-álgebra de subconjuntos de S definida por

$$\mathcal{M}_S = \{\psi(A) : A \subset U, \ A \text{ é Lebesgue-mensurável}\},$$

e a medida finita $\mathsf{m}_S : \mathcal{M}_S \to [0, \infty[$ dada pela regra

$$\mathsf{m}_S(\psi(A)) \doteq \int_A |\vec{N}_\psi(t)| \, d\mathsf{m}(t).$$

Esta medida denomina-se *medida de superfície sobre S*. O próximo resultado mostra que tal medida tem um significado invariante:

Proposição 6.4 $\mathcal{M}_S$ e m_S *dependem só de S e não da parametrização ψ escolhida.*

DEMONSTRAÇÃO: Seja χ uma outra função de classe C^∞, definida e injetora em uma vizinhança do fecho de um aberto limitado V de $\mathbb{R}^{N-1}$, $\chi'(s)$ com posto $N-1$ para todo s e tal que $S = \chi(V)$. Devemos mostrar que

(6.11) $\qquad \mathcal{M}_S = \{\chi(B) : B \subset V,\ B \text{ é Lebesgue-mensurável}\},$

e que

(6.12) $\qquad \displaystyle\int_A |\vec{N}_\psi(t)|\,\mathrm{d}\mathsf{m}(t) = \int_B |\vec{N}_\chi(s)|\,\mathrm{d}\mathsf{m}(s)$

se $\psi(A) = \chi(B)$, com $A \subset U$, $B \subset V$ Lebesgue-mensuráveis. Aqui escrevemos
$$\vec{N}_\chi(s) = \frac{\partial \chi}{\partial s_1}(s) \times \cdots \times \frac{\partial \chi}{\partial s_{N-1}}(s).$$

Para chegarmos a estas conclusões fixemos primeiramente um ponto arbitrário $\bar{t}$ no domínio de ψ e assumamos que

$$\frac{\partial(\psi_1, \ldots, \psi_{N-1})}{\partial(t_1, \ldots, t_{N-1})}(\bar{t}) \neq 0.$$

Deste modo a função $\tilde{\psi}(t, t_N) = (\psi_1(t), \ldots, \psi_N(t) + t_N)$, definida em um aberto de $\mathbb{R}^N$ e a valores em $\mathbb{R}^N$, tem derivada invertível no ponto $(\bar{t}, 0)$ e portanto, pelo Teorema da Função Inversa, define um difeomorfismo de classe C^∞ entre um aberto contendo $(\bar{t}, 0)$ e um aberto contendo $\psi(\bar{t})$. Em particular, em uma vizinhança de $\psi(\bar{t})$ na imagem de ψ, a função inversa ψ^{-1} é a restrição de uma função de classe C^∞ definida em um aberto de $\mathbb{R}^N$.

Um segundo de reflexão mostra então que a função $G \doteq \psi^{-1} \circ \chi$ é de fato um difeomorfismo de classe C^∞ entre um aberto que contém $\overline{V}$ e um aberto que contém $\overline{U}$, de onde (6.11) segue imediatamente. Além disto, como $\chi = \psi \circ G$, pela regra da cadeia

$$\frac{\partial \chi}{\partial s_j}(s) = \sum_{k=1}^{N-1} \frac{\partial G_k}{\partial s_j}(s) \frac{\partial \psi}{\partial t_k}(G(s)), \quad j = 1, \ldots, N-1,$$

de onde segue que

$$\vec{N}_\chi(s) = [\det G'(s)] \, \vec{N}_\psi(G(s)).$$

Assim, pela Teorema de Mudança de Variáveis,

$$\int_A |\vec{N}_\psi(t)| \, \mathrm{d}\,\mathsf{m}(t) \stackrel{t=G(s)}{=} \int_B |\vec{N}_\psi(G(s))| \cdot |\det G'(s)| \, \mathrm{d}\,\mathsf{m}(s)$$
$$= \int_B |\vec{N}_\chi(s)| \, \mathrm{d}\,\mathsf{m}(s),$$

o que demonstra (6.12). □

O seguinte resultado nos dá, então, uma descrição precisa de cada parcela do lado direito de (6.8).

Lema 6.5 *Se L é um campo vetorial definido em uma vizinhança de $\psi(Q^{N-1})$ então*

(6.13) $$\int_{Q^{N-1}} (\omega^{(L)})_\psi = \int_{\psi(Q^{N-1})} (L \cdot \vec{n}) \, \mathrm{d}\,\mathsf{m}_S.$$

DEMONSTRAÇÃO: Como antes, vamos escrever $L = \sum_{j=1}^N a_j(x) \partial/\partial x_j$. Note então, primeiramente, que

$$\int_{\psi(Q^{N-1})} (L \cdot \vec{n}) \, \mathrm{d}\,\mathsf{m}_S = \int_{Q^{N-1}} \left(\vec{a}(\psi(t)) \cdot \vec{N}_\psi(t) \right) \mathrm{d}\,t,$$

onde $\vec{a} = (a_1, \ldots, a_N)$. Por outro lado,

$$(\omega^{(L)})_\psi = \sum_{j=1}^N (-1)^{j-1} a_j(\psi(t)) \, \mathrm{d}\,\psi_1 \wedge \cdots \wedge \widehat{\mathrm{d}\,\psi_j} \wedge \cdots \wedge \mathrm{d}\,\psi_N$$

$$= \sum_{j=1}^{N}(-1)^{j-1}a_j(\psi(t))\frac{\partial(\psi_1,\ldots,\widehat{\psi_j},\ldots,\psi_N)}{\partial(t_1,\ldots,t_{N-1})}\,dt_1\wedge\cdots\wedge dt_{N-1}$$

$$= (\vec{a}(t)\cdot\vec{N}_\psi(t))\,dt_1\wedge\cdots\wedge dt_{N-1},$$

de onde segue a conclusão desejada. $\square$

6.3 Abertos com fronteira regular

Nesta seção obteremos a fórmula de Stokes para uma importante classe de abertos. Como preparação discutiremos, primeiramente, a existência das chamadas "partições da unidade", termo que ficará claro no contexto.

Iniciamos introduzindo uma nova notação: dado um aberto U de $\mathbb{R}^N$ denotaremos por $C_c^\infty(U)$ o espaço de todas as funções $f \in C^\infty(U)$ que satisfazem a seguinte propriedade: existe $A \subset U$ compacto tal que $f(x)=0$ se $x\in U\setminus A$.

Proposição 6.6 *Seja $K\subset\mathbb{R}^N$ compacto e sejam $U_1,\ldots,U_r$ abertos de $\mathbb{R}^N$ tais que $K\subset U_1\cup\cdots\cup U_r$. Então existem $\phi_j\in C_c^\infty(U_j)$, $j=1,\ldots,r$, satisfazendo $0\le\phi_j\le 1$ e $\sum_{j=1}^r\phi_j=1$ em um aberto que contém K.*

A família $\{\phi_j\}$ denomina-se *partição da unidade sobre K associada ao recobrimento aberto $\{U_j\}$*.

DEMONSTRAÇÃO: Seja $\Omega=\bigcup_{j=1}^r U_j$. Pelo Lema 4.1 existe $g\in C^\infty(\Omega)$, $0\le g\le 1$, $g=1$ em um aberto que contém K, $g=0$ no complementar de um subconjunto compacto A de Ω. Afirmamos agora que é possível, para cada $j=1,\ldots,r$, escolher $K_j\subset U_j$ compacto tal que $g=0$ em $\Omega\setminus\bigcup_{j=1}^r K_j$. De fato, para cada $x\in A$ podemos escolher uma vizinhança compacta K_x de x contida em U_j, para algum $j=j(x)$. Pela propriedade de Heine-Borel podemos, então, encontrar $x_1\ldots,x_p\in A$ tais que $A\subset\bigcup_{i=1}^p K_{x_i}$. Basta definir $K_j\doteq\bigcup K_{x_i}$, onde a reunião se dá para o conjunto de índices i tais que $K_{x_i}\subset U_j$.

Isto posto, tomamos, para cada $j=1,\ldots,r$, uma função $g_j\in C_c^\infty(U_j)$, satisfazendo $0\le g_j\le 1$, $g_j=1$ em K_j e definimos

$$\phi_1=gg_1,\ \phi_2=gg_2(1-g_1),\ \ldots,\ \phi_r=gg_r(1-g_1)\cdots(1-g_{r-1}).$$

Então $\phi_j \in C_c^\infty(U_j)$, $0 \leq \phi_j \leq 1$ e um simples cálculo fornece a igualdade

$$g - \sum_{j=1}^{r} \phi_j = g(1-g_1)\cdots(1-g_r).$$

Como g se anula no complemento de $\bigcup_{j=1}^{r} K_j$, e como dado qualquer ponto $x \in \bigcup_{j=1}^{r} K_j$ existe i tal que $g_i(x) = 1$ segue que $g - \sum_{j=1}^{r} \phi_j = 0$ e portanto $\sum_{j=1}^{r} \phi_j = 1$ em uma vizinhança de K. $\square$

Na próxima definição denotaremos por I^N o intervalo unitário centrado na origem em $\mathbb{R}^N$:

$$I^N \doteq \,]-1,1[^N = \{t = (t_1,\ldots,t_N) \in \mathbb{R}^N : |t_j| < 1, j = 1,\ldots,N\}.$$

Definição 6.7 Seja Ω um subconjunto aberto e limitado de $\mathbb{R}^N$, $N \geq 2$. Dizemos que Ω é um *aberto com fronteira regular* se dado $x_0 \in \partial\Omega$ existem um aberto U em $\mathbb{R}^N$ contendo x_0 e um difeomorfismo $h : I^N \to U$, de classe C^∞, tal que
$$h(I^{N-1} \times \,]0,1[) = \Omega \cap U.$$

Note que, em particular,

$$h(I^{N-1} \times \{0\}) = \partial\Omega \cap U.$$

Note também que não há perda de generalidade se assumirmos que a aplicação h está, na realidade, definida e é de classe C^∞ em um aberto que contém o fecho de I^N e que, trocando h por $t \mapsto h(-t_1, t_2, \ldots, t_N)$ se necessário, podemos sempre assumir que $\det h' > 0$ em I^N.

O Exercício 10 do Capítulo 6 fornece uma importante caracterização para esta classe de abertos.

Suponhamos agora que $N \geq 3$ e escrevamos $t = (t', t_N) \in \mathbb{R}^N$, $t' = (t_1, \ldots, t_{N-1})$. A aplicação

$$h_0 : I^{N-1} \to \partial\Omega, \qquad h_0(t') = h(t', 0),$$

tem como imagem $\partial\Omega \cap U$, o que mostra que este conjunto é uma hipersuperfície regular parametrizada em $\mathbb{R}^N$. A medida de superfície em $\partial\Omega \cap U$ é dada por

$$m_{\partial\Omega\cap U}(E) = \int_{h_0^{-1}(E)} |\vec{N}_{h_0}(t')|\,dm(t'),$$

onde $E \subset \partial\Omega \cap U$ é $\mathcal{M}_{\partial\Omega\cap U}$-Lebesgue-mensurável.

Através do uso de partições da unidade podemos então definir globalmente a medida de superfície sobre $\partial\Omega$.

Proposição 6.8 *Sejam $V_1, \ldots, V_m$ subconjuntos abertos de $\mathbb{R}^N$ satisfazendo as seguintes propriedades:*

(i) $\partial\Omega \subset V_1 \cup \cdots \cup V_m$;

(ii) Para cada $j \in \{1, \ldots, m\}$ existe um difeomorfismo $h_j : I^N \to V_j$, de classe C^∞ e definido em uma vizinhança do fecho de I^N, tal que

$$h_j(I^{N-1} \times \{0\}) = \partial\Omega \cap V_j.$$

Seja $\{\phi_1, \ldots, \phi_m\}$ uma partição da unidade sobre $\partial\Omega$ associada ao recobrimento aberto $\{V_1, \ldots, V_m\}$. Defina $\mathcal{M}_{\partial\Omega}$ como sendo a coleção de todos os subconjuntos A de $\partial\Omega$ tais que $A \cap V_j \in \mathcal{M}_{\partial\Omega\cap V_j}$ para todo $j = 1, \ldots, m$. Defina também $m_{\partial\Omega} : \mathcal{M}_{\partial\Omega} \to [0, \infty[$ pela fórmula

(6.14) $$m_{\partial\Omega}(A) = \sum_{j=1}^{m} \int_{A\cap V_j} \phi_j(p)\,dm_{\partial\Omega\cap V_j}(p).$$

Então $\mathcal{M}_{\partial\Omega}$ é uma σ-álgebra de subconjuntos de $\partial\Omega$ e $m_{\partial\Omega}$ é uma medida finita sobre $\mathcal{M}_{\partial\Omega}$. Além do mais, $\mathcal{M}_{\partial\Omega}$ e $m_{\partial\Omega}$ independem da escolha de $\{V_1, \ldots, V_m\}$ e $\{\phi_1, \ldots, \phi_m\}$ satisfazendo as propriedades requeridas.

A demonstração deste resultado é o conteúdo do Exercício 7 do Capítulo 6.

A medida $m_{\partial\Omega}$ denomina-se *medida (de Lebesgue) de superfície sobre a fronteira de Ω*. Note que se $f : \partial\Omega \to \mathbb{R}$ é $\mathcal{M}_{\partial\Omega}$-mensurável e limitada então

$$\int_{\partial\Omega} f(p)\,dm_{\partial\Omega}(p) = \sum_{j=1}^{m} \int_{V_j} \phi_j(p)\,f(p)\,dm_{\partial\Omega\cap V_j}(p).$$

6.4 A fórmula de Stokes para abertos com fronteira regular

Fixemos então Ω um aberto com fronteira regular em $\mathbb{R}^N$. Pela propriedade de Heine-Borel podemos recobrir $\partial\Omega$ por abertos $U_2, \ldots, U_r$ onde, para cada $j = 2, \ldots, r$, vale a seguinte propriedade:

- Existe um difeomorfismo $h_j : I^N \to U_j$, de classe C^∞ e definido em uma vizinhança do fecho de I^N, tal que $\det h'_j > 0$ em I^N e

$$h_j(I^{N-1} \times {]0, 1[}) = \Omega \cap U_j, \quad h_j(I^{N-1} \times \{0\}) = \partial\Omega \cap U_j.$$

Tomemos finalmente um aberto $U_1 \Subset \Omega$ tal que $\overline{\Omega} \subset U_1 \cup U_2 \cup \cdots \cup U_r$ bem como uma partição da unidade $\{\phi_j\}$ sobre $\overline{\Omega}$ associada ao recobrimento aberto $\{U_j\}$. Se ω é uma $(N-1)$-forma diferencial definida em um aberto que contém $\overline{\Omega}$ temos, em uma vizinhança de $\overline{\Omega}$,

$$\mathrm{d}\omega = \mathrm{d}\left(\sum_{j=1}^r \phi_j \omega\right)$$

e portanto,

$$\int_{\overline{\Omega}} \mathrm{d}\omega = \int_{\overline{\Omega}} \mathrm{d}(\phi_1 \omega) + \sum_{j=2}^r \int_{\overline{\Omega}} \mathrm{d}(\phi_j \omega).$$

Agora, pelo Exercício 1 do Capítulo 6,

$$\int_{\overline{\Omega}} \mathrm{d}(\phi_1 \omega) = 0,$$

enquanto que, para cada $j = 2, \ldots, r$,

$$\int_{\overline{\Omega}} \mathrm{d}(\phi_j \omega) = \int_{\overline{\Omega} \cap U_j} \mathrm{d}(\phi_j \omega)$$

$$\stackrel{(\star)}{=} \int_{I^{N-1} \times [0,1[} [\mathrm{d}(\phi_j \omega)]_{h_j}$$

$$= \int_{I^{N-1} \times [0,1[} \mathrm{d}(\phi_j \omega)_{h_j},$$

onde em $(\star)$ evocamos o resultado enunciado na Proposição 5.1, lembrando que $\det h'_j > 0$.

Seja $K \subset U_j$ compacto tal que ϕ_j se anula em seu complementar. Então se escrevermos

$$(\phi_j\omega)_{h_j} = \sum_{k=1}^{N}(-1)^{k-1}\alpha_{jk}(t)\,dt_1 \wedge \cdots \wedge \widehat{dt_k} \wedge \cdots \wedge dt_N$$

as funções $\alpha_{jk}|_{I^{N-1}\times[0,1[}$ se anularão no complementar de $h_j^{-1}(K) \cap (I^{N-1} \times [0,1[)$ e portanto, para algum $0 < \delta < 1$, teremos que $\alpha_{jk}|_{I^{N-1}\times[0,1[}$ se anulam no complementar do intervalo $[-\delta,\delta]^{N-1} \times [0,\delta]$. Assim, pelo Teorema Fundamental do Cálculo concluímos que

$$\int_{I^{N-1}\times[0,1[} \frac{\partial \alpha_{jk}}{\partial t_k}(t)\,dm(t) = 0, \quad k = 1,\ldots,N-1,$$

e portanto que

$$\int_{I^{N-1}\times[0,1[} d(\phi_j\omega)_{h_j} = \int_{I^{N-1}\times[0,1[} \left(\sum_{k=1}^{N} \frac{\partial \alpha_{jk}}{\partial t_k}(t)\right) dm(t)$$

$$= \int_{I^{N-1}\times[0,1[} \frac{\partial \alpha_{jN}}{\partial t_N}(t)\,dm(t)$$

$$= -\int_{I^{N-1}} \alpha_{jN}(t',0)\,dm(t').$$

Lembrando a notação $h_{j0}(t') = h_j(t',0)$ e observando que $h_{j0} = h_j \circ \theta$, onde $\theta : I^{N-1} \to I^N$ é definida por $\theta(t') = (t',0)$, podemos escrever

$$-\int_{I^{N-1}} \alpha_{jN}(t',0)\,dm(t') = (-1)^N \int_{I^{N-1}} [(\phi_j\omega)_{h_j}]_\theta$$

$$= (-1)^N \int_{I^{N-1}} (\phi_j\omega)_{h_{j0}},$$

de onde segue a seguinte versão da Fórmula de Stokes:

(6.15) $$\int_{\overline{\Omega}} d\omega = (-1)^N \sum_{j=2}^{r} \int_{I^{N-1}} (\phi_j\omega)_{h_{j0}}.$$

Note que o lado direito fornece, de maneira precisa, a "integração" da $(N-1)$-forma sobre $\partial\Omega$. Note que este valor é independente das escolhas das parametrizações h_j e da partição da unidade escolhida, uma vez que o lado esquerdo de (6.15) independe de tais escolhas.

6.5 O teorema da divergência

A fórmula de Stokes 6.15 pode ser aplicada para a obtenção do importante Teorema da Divergência. Para tal faremos porém uma pausa para descrever a construção do *campo normal exterior a* Ω onde este último é, como antes, um aberto com fronteira regular. Mantemos a notação previamente estabelecida.

Se $j, k \in \{2, \ldots, r\}$ são tais que $\partial\Omega \cap U_j \cap U_k \neq \emptyset$ então

$$\vec{N}_{h_{j0}}(t') = \det[(h_{k0}^{-1} \circ h_{j0})'(t')]\vec{N}_{h_{k0}}((h_{k0}^{-1} \circ h_{j0})(t'))$$

para $t' \in h_{j0}^{-1}(\Omega \cap U_j \cap U_k)$ (cf. a demonstração da Proposição 6.4). Afirmamos primeiramente que

(6.16) $\qquad \det[(h_{k0}^{-1} \circ h_{j0})'(t')] > 0, \quad t' \in h_{j0}^{-1}(\Omega \cap U_j \cap U_k).$

Para a demonstração de (6.16) escrevamos $G(t) = (h_k^{-1} \circ h_j)(t)$, definida no subconjunto aberto $h_j^{-1}(\Omega \cap U_j \cap U_k)$ de I^N. Temos $\det G'(t) > 0$ para todo t e também $G(t', 0) = (G_0(t'), 0)$, onde $G_0(t') = (h_{k0}^{-1} \circ h_{j0})(t')$. Se escrevermos $G(t) = (G_1(t), \ldots, G_N(t))$ as informações precedentes implicam que a última linha da matriz que representa $G'(t', 0)$ é igual a

$$\left(0, \ldots, 0, \frac{\partial G_N}{\partial t_N}(t', 0)\right).$$

Por outro lado, uma vez que G aplica $(h_j^{-1}(\Omega \cap U_j \cap U_k)) \cap (I^{N-1} \times [0,1])$ em $I^{N-1} \times [0,1]$ segue que

$$\frac{\partial G_N}{\partial t_N}(t', 0) \geq 0.$$

Assim desenvolvendo o cálculo de $\det G'(t',0)$ pela regra de Laplace a partir da última linha obtemos

$$\det G'(t',0) = (-1)^{2N} \det G'_0(t') \frac{\partial G_N}{\partial t_N}(t',0)$$

e portanto $\det G'_0(t') > 0$, que é precisamente (6.16).

Se definirmos $\vec{n}_j : \partial\Omega \cap U_j \to \mathbb{R}^N$ pela relação

$$\vec{n}_j(p) = (-1)^N \frac{\vec{N}_{h_{j0}}(t')}{|\vec{N}_{h_{j0}}(t')|} \quad \text{se } p = h_{j0}(t')$$

concluímos de (6.16) que $\vec{n}_j = \vec{n}_k$ em $\partial\Omega \cap U_j \cap U_k$, caso esta intersecção for não vazia. Deste modo obtemos então um campo vetorial bem definido sobre $\partial\Omega$ pela regra

$$\vec{n} : \partial\Omega \to \mathbb{R}^N, \quad \vec{n}(p) = \vec{n}_j(p) \quad \text{se } p \in \partial\Omega \cap U_j.$$

Mostraremos agora que este campo vetorial $\vec{n}$ "aponta para fora" de Ω, em um sentido bastante preciso, justificando assim denominá-lo *campo normal unitário exterior* a Ω. Este é o significado de nosso próximo resultado:

Proposição 6.9 *Seja $p \in \partial\Omega$. Existe $\varepsilon > 0$ tal que*

(6.17) $\quad p + \tau\vec{n}(p) \in \Omega, \ \tau \in\ ]-\varepsilon, 0[, \quad e \quad p + \tau\vec{n}(p) \notin \overline{\Omega}, \ \tau \in\ ]0, \varepsilon[.$

DEMONSTRAÇÃO: Seja $j \in \{2, \ldots, r\}$ tal que $p \in U_j$. Assim (6.17) é equivalente à existência de $\varepsilon > 0$ tal que

$$h_j^{-1}(p + \tau\vec{n}(p)) \in I^{N-1} \times\ ]0, 1[, \quad \tau \in\ ]-\varepsilon, 0[,$$
$$h_j^{-1}(p + \tau\vec{n}(p)) \in I^{N-1} \times\ ]-1, 0[, \quad \tau \in\ ]0, \varepsilon[,$$

e, portanto, para mostrar (6.17) é suficiente mostrar que

(6.18) $\qquad \dfrac{d}{d\tau}\left(h_j^{-1}(p + \tau\vec{n}(p)) \cdot e_N\right)\Big|_{\tau=0} < 0.$

Pela regra da cadeia

$$\frac{d}{d\tau}\left(h_j^{-1}(p+\tau\vec{n}(p))\cdot e_N\right)\Big|_{\tau=0} = (h_j^{-1})'(p)(\vec{n}(p))\cdot e_N.$$

Se tomarmos $t' \in I^{N-1}$ tal que $h_j(t',0) = p$ então $(h_j^{-1})'(p) = (h_j'(t',0))^{-1}$. Observando agora nossa construção do campo $\vec{n}$ vemos que verificar (6.18) é equivalente a verificar

$$(6.19) \quad (-1)^N \left(h_j'(t',0)\right)^{-1} \left(\vec{N}_{h_{j0}}(t')\right) e_N$$
$$= (-1)^N \vec{N}_{h_{j0}}(t') \, {}^t\!\left(h_j'(t',0)\right)^{-1} e_N < 0.$$

Para cada $\ell \in \{1,\ldots,N\}$ seja A_ℓ a matriz obtida de

$$\begin{pmatrix} \dfrac{\partial h_{j1}}{\partial t_1}(t',0) & \cdots & \dfrac{\partial h_{jN}}{\partial t_1}(t',0) \\ \vdots & \ddots & \vdots \\ \dfrac{\partial h_{j1}}{\partial t_{N-1}}(t',0) & \cdots & \dfrac{\partial h_{jN}}{\partial t_{N-1}}(t',0) \end{pmatrix},$$

omitindo-se a ℓ-ésima coluna. Então

$$\vec{N}_{h_{j0}}(t') = \sum_{\ell=1}^{N}(-1)^{\ell-1}(\det A_\ell) e_\ell,$$

enquanto que ${}^t(h_j'(t',0))^{-1} e_N$ pode ser identificado à N-ésima coluna da matriz dos cofatores da jacobiana de h_j no ponto $(t',0)$ multiplicada por $1/\det h_j'(t',0)$, isto é,

$${}^t\!\left(h_j'(t',0)\right)^{-1} e_N = \frac{1}{\det h_j'(t',0)} \sum_{\ell=1}^{N}(-1)^{N+\ell}(\det {}^t\!A_\ell) e_\ell.$$

Consequentemente,

$$(-1)^N \vec{N}_{h_{j0}}(t') \, {}^t\!\left(h_j'(t',0)\right)^{-1} e_N = \frac{-1}{\det h_j'(t',0)} \sum_{\ell=1}^{N}(\det A_\ell)^2 < 0,$$

o que conclui a demonstração da proposição. □

Retornamos agora ao Teorema da Divergência. Seja $L = \sum_{j=1}^{N} a_j(x)\partial/\partial x_j$ um campo diferencial definido em uma vizinhança de $\overline{\Omega}$ e tomemos a forma $\omega^{(L)}$ como em (6.7). Pela fórmula de Stokes (6.15) temos

$$\int_{\overline{\Omega}} \operatorname{div}(L)(x)\,\mathrm{d}\mathsf{m}(x) = \int_{\overline{\Omega}} \mathrm{d}\omega^{(L)} = (-1)^N \sum_{j=2}^{r} \int_{I^{N-1}} (\phi_j \omega^{(L)})_{h_{j0}}.$$

Por outro lado de acordo com o argumento apresentado na demonstração do Lema 6.2 podemos escrever

$$(\phi_j \omega^{(L)})_{h_{j0}} = \phi_j(h_{j0}(t'))\,\vec{a}(h_{j0}(t')) \cdot \vec{N}_{h_{j0}}(t')\,\mathrm{d}t_1 \wedge \cdots \wedge \mathrm{d}t_{N-1},$$

onde $\vec{a} = (a_1, \ldots, a_N)$. Logo

$$(6.20) \quad \int_{\overline{\Omega}} \operatorname{div}(L)(x)\,\mathrm{d}\mathsf{m}(x) = \sum_{j=2}^{r} \int_{\partial\Omega \cap U_j} \phi_j(p)\,\vec{a}(p) \cdot \vec{n}(p)\,\mathrm{d}\mathsf{m}_{\partial\Omega \cap U_j}(p).$$

Finalmente, a Proposição 6.8 e a observação que a segue permitem escrever a conhecida *fórmula da divergência*,

$$(6.21) \quad \int_{\overline{\Omega}} \operatorname{div}(L)(x)\,\mathrm{d}\mathsf{m}(x) = \int_{\partial\Omega} \vec{a}(p) \cdot \vec{n}(p)\,\mathrm{d}\mathsf{m}_{\partial\Omega}(p).$$

6.6 A fórmula de Stokes para formas de classe C^1

Se $\Omega \subset \mathbb{R}^N$ é aberto, $k \in \{0, 1, \ldots, N\}$ e $\ell \in \mathbb{Z}_+$ denotamos por $\mathsf{F}_k^{(\ell)}(\Omega)$ o espaço das formas expressas como em (4.7) em que os coeficientes ω_J são agora funções de classe C^ℓ em Ω. Note que $\mathsf{F}_k(\Omega) \subset \mathsf{F}_k^{(\ell)}(\Omega)$ para todo $\ell \geq 0$ e também que a derivada exterior define aplicações $\mathbb{R}$-lineares

$$\mathrm{d} : \mathsf{F}_k^{(\ell)}(\Omega) \to \mathsf{F}_{k+1}^{(\ell-1)}(\Omega), \quad \ell \geq 1.$$

A

A Cohomologia de De Rham

A.1 Complexos de espaços vetoriais

Seja $\{E_n\}_{n\geq 0}$ uma sequência de $\mathbb{R}$-espaços vetoriais e suponhamos que para cada n seja dada uma transformação $T_n \in L(E_n, E_{n+1})$. A sequência

(A.1) $\qquad \mathcal{E} \ : \ E_0 \xrightarrow{T_0} E_1 \xrightarrow{T_1} E_2 \xrightarrow{T_2} \cdots \xrightarrow{T_{n-1}} E_n \xrightarrow{T_n} E_{n+1} \xrightarrow{T_{n+1}} \cdots$

denomina-se um *complexo de $\mathbb{R}$-espaços vetoriais* se, para todo $n \geq 1$, tem-se $T_n \circ T_{n-1} = 0$. Em outras palavras, $\mathcal{E}$ define um complexo de $\mathbb{R}$-espaços vetoriais se, para cada $n \geq 1$,

(A.2) $\qquad\qquad\qquad \operatorname{Im} T_{n-1} \subset \operatorname{Ker} T_n \,.$

Dizemos que o complexo $\mathcal{E}$ é *exato no grau* $m \geq 1$ se

(A.3) $\qquad\qquad\qquad \operatorname{Im} T_{m-1} = \operatorname{Ker} T_m \,.$

Para se "medir" o quanto um complexo de $\mathbb{R}$-espaços vetoriais deixa de ser exato introduzimos seus espaços de cohomologia. Para o complexo (A.1)

definimos*:

(A.4) $\qquad H^0(\mathcal{E}) = \operatorname{Ker} T_0, \qquad H^n(\mathcal{E}) = \operatorname{Ker} T_n / \operatorname{Im} T_{n-1}, \quad n \geq 1.$

Os espaços vetoriais $H^n(\mathcal{E})$, $n \geq 0$, denominam-se *espaços de cohomologia do complexo* $\mathcal{E}$. Note então que $\mathcal{E}$ é exato no grau m se, e somente se, $H^m(\mathcal{E}) = 0$.

Lema A.1 *Sejam*

$$\mathcal{E} : E_0 \xrightarrow{T_0} E_1 \xrightarrow{T_1} E_2 \xrightarrow{T_2} \cdots \xrightarrow{T_{n-1}} E_n \xrightarrow{T_n} E_{n+1} \xrightarrow{T_{n+1}} \cdots$$

$$\mathcal{F} : F_0 \xrightarrow{S_0} F_1 \xrightarrow{S_1} F_2 \xrightarrow{S_2} \cdots \xrightarrow{S_{n-1}} F_n \xrightarrow{S_n} F_{n+1} \xrightarrow{S_{n+1}} \cdots$$

complexos de $\mathbb{R}$-espaços vetoriais e suponhamos que, para cada $n \geq 0$, seja dada $\lambda_n \in L(E_n, F_n)$ satisfazendo

(A.5) $\qquad\qquad \lambda_n \circ T_{n-1} = S_{n-1} \circ \lambda_{n-1}, \quad n \geq 1.$

Então, para cada $n \geq 0$ temos $\lambda_n(\operatorname{Ker} T_n) \subset \operatorname{Ker} S_n$ e para cada $n \geq 1$ temos $\lambda_n(\operatorname{Im} T_{n-1}) \subset \operatorname{Im} S_{n-1}$. Em particular, λ_n induz aplicações $\mathbb{R}$-lineares

$$\lambda_n^\star : H^n(\mathcal{E}) \longrightarrow H^n(\mathcal{F}), \qquad n \geq 0.$$

Além disso, $\lambda_n^\star$ são isomorfismos se as aplicações λ_n o forem.

DEMONSTRAÇÃO: Se $x \in \operatorname{Ker} T_n$ então $S_n(\lambda_n(x)) = \lambda_{n+1}(T_n(x)) = 0$ e portanto $\lambda_n(x) \in \operatorname{Ker} S_n$. Agora, se $x \in \operatorname{Im} T_{n-1}$ então $x = T_{n-1}(y)$ para algum $y \in E_{n-1}$. Do mesmo modo, $\lambda_n(x) = \lambda_n(T_{n-1}(y)) = S_{n-1}(\lambda_{n-1}(y))$ e portanto $\lambda_n(x) \in \operatorname{Im} S_{n-1}$. Seja $[x] \in H^n(\mathcal{E})$ a classe definida por $x \in \operatorname{Ker} T_n$. Então pelas propriedades precedentes, a classe definida por $\lambda_n(x)$ em $H^n(\mathcal{F})$ independe da escolha do representante x. Isto torna bem definida a aplicação $\lambda_n^\star$ pela regra $\lambda_n^\star([x]) = [\lambda_n(x)]$.

Finalmente, se cada λ_n é um isomorfismo então (A.5) implica que $T_{n-1} \circ \lambda_{n-1}^{-1} = \lambda_n^{-1} \circ S_{n-1}$. De acordo raciocínio anterior λ_n^{-1} induz uma

---

*Lembre que se E é um $\mathbb{R}$-espaço vetorial, e $F \subset E$ um de seus subespaços, o espaço quociente E/F nada mais é que o espaço E módulo a seguinte relação de equivalência $\sim$: se $x, y \in E$ então $x \sim y$ se $x - y \in F$. É muito fácil ver que E/F tem, também, a estrutura de um $\mathbb{R}$-espaço vetorial.

Apêndices

Sejam $U \subset \mathbb{R}^M$ aberto e $F : \Omega \to U$ uma função de classe C^1. A operação de pullback define uma aplicação $\mathbb{R}$-linear $\mathsf{F}_k^{(0)}(U) \to \mathsf{F}_k^{(0)}(\Omega)$. Assim, se definirmos uma k-superfície de classe C^1 em Ω como sendo uma aplicação $\Phi : B^k \to \Omega$ de classe C^1, dada $\omega \in \mathsf{F}_k^{(0)}(\Omega)$ fica bem definida a integral $\int_\Phi \omega$. Note também que com tal extensão podemos naturalmente introduzir o espaço $\mathsf{C}_k^{(1)}(\Omega)$ das k-cadeias singulares de classe C^1 em Ω. Neste caso o operator de fronteira (5.19) admite uma extensão $\mathbb{R}$-linear

$$\partial : \mathsf{C}_k^{(1)}(\Omega) \longrightarrow \mathsf{C}_{k-1}^{(1)}(\Omega)$$

também dada por (5.20).

Uma cuidadosa análise das demonstrações apresentadas permite as seguintes conclusões:

(I) O teorema de Stokes I é válido assumindo $\omega \in F_{k-1}^{(1)}(\Omega)$.

(II) O teorema de Stokes II é válido assumindo $\omega \in F_{k-1}^{(1)}(\Omega)$ e $\Theta \in \mathsf{C}_k^{(1)}(\Omega)$.

Analogamente as noções de aberto regular e de aberto com fronteira regular admitem suas versões de classe C^1. Para o primeiro basta impor que o difeomorfismo σ introduzido na Definição (6.1) seja de classe C^1 enquanto que para o segundo impomos que a parametrização h na Definição 6.7 seja de classe C^1. Neste último caso a construção de $\mathsf{m}_{\partial\Omega}$ é análoga.

A fórmula de Stokes (6.5) continua válida assumindo que Ω seja um aberto regular de classe C^1 e que a forma α tenha coeficientes de classe C^1. Do mesmo modo (6.15) é válida assumindo que Ω seja um aberto com fronteira regular de classe C^1 e que ω tenha coeficientes de classe C^1. Em particular vale a fórmula da divergência (6.21) para abertos com fronteira regular de classe C^1 assumindo que as componentes do campo L sejam funções de classe C^1.

Note que $\tilde{\omega} \in \mathcal{A}_1$, que $d\tilde{\omega} = 0$ e que

$$\int_0^{2\pi} \tilde{b}(r,\theta)\, d\theta = \int_0^{2\pi} b(r,\theta)\, d\theta - \kappa = 0\,.$$

Pelo Lema A.6 existe $u \in \mathcal{A}$ tal que $\partial u/\partial \theta = \tilde{b}$. Temos

$$d u = \frac{\partial u}{\partial r}\, d r + \tilde{b}\, d\theta = \tilde{\omega} + \left(\frac{\partial u}{\partial r} - a\right) d r$$

e, como $d\tilde{\omega} = 0$, temos também

$$d\left(\frac{\partial u}{\partial r} - a\right) \wedge d r = 0\,.$$

Isto é o mesmo que dizer que a expressão entre parênteses é uma função $v(r)$ (independente de θ). Assim

$$d\underbrace{\left(u - \int_0^r v(s)\, d s\right)}_{\in \mathcal{A}} = \tilde{\omega}\,,$$

e portanto vale (A.9) com $\lambda = \kappa/(2\pi)$. Isto conclui a demonstração. $\square$

DEMONSTRAÇÃO: Seja $W \doteq \{(r,\theta) \in \mathbb{R}^2 : r > 0\}$ e considere a aplicação $F : W \to \Omega$ dada por $F(r,\theta) = (r\cos\theta, r\,\text{sen}\,\theta)$. Observe que

$$\begin{aligned}\alpha_F &= \frac{-r\,\text{sen}\,\theta}{r^2}\,\text{d}\,(r\cos\theta) + \frac{r\cos\theta}{r^2}\,\text{d}\,(r\,\text{sen}\,\theta) \\ &= \frac{1}{r}\{-(\text{sen}\,\theta)[(\cos\theta)\,\text{d}\,r - (r\,\text{sen}\,\theta)\,\text{d}\,\theta] + (\cos\theta)[(\text{sen}\,\theta)\,\text{d}\,r + (r\cos\theta)\,\text{d}\,\theta]\} \\ &= \text{d}\,\theta.\end{aligned}$$

Vamos transferir nossa análise para o aberto W, isto é, vamos trabalhar nas variáveis (r,θ). Para tal é fundamental observar que agora $C^\infty(\Omega)$ se identifica com o espaço

$$\mathcal{A} \doteq \{u \in C^\infty(W) : u(r,\theta) = u(r,\theta + 2\pi),\, (r,\theta) \in W\},$$

enquanto que $\mathsf{F}_1(\Omega)$ se identifica com o espaço

$$\mathcal{A}_1 \doteq \{\omega = a\,\text{d}\,r + b\,\text{d}\,\theta \in \mathsf{F}_1(W) : a,b \in \mathcal{A}\}.$$

Desta maneira podemos escrever

(A.6) $$H^1(\Omega) \simeq \frac{\{\omega \in \mathcal{A}_1 : \text{d}\,\omega = 0\}}{\{\text{d}\,u : u \in \mathcal{A}\}},$$

e portanto o teorema ficará demonstrado se verificarmos que

(A.7) $$\frac{\{\omega \in \mathcal{A}_1 : \text{d}\,\omega = 0\}}{\{\text{d}\,u : u \in \mathcal{A}\}} = \{\lambda[\text{d}\,\theta] : \lambda \in \mathbb{R}\}.$$

Iniciamos mostrando um resultado preliminar:

Lema A.6 *Seja $f \in \mathcal{A}$. Uma condição necessária e suficiente para que exista $u \in \mathcal{A}$ satisfazendo $\partial u/\partial\theta = f$ é que*

(A.8) $$\int_0^{2\pi} f(r,\theta)\,\text{d}\,\theta = 0, \quad \forall r > 0.$$

DEMONSTRAÇÃO: Se tal u existe então

$$\int_0^{2\pi} f(r,\theta)\,\mathrm{d}\theta = 0 = \int_0^{2\pi} \frac{\partial u}{\partial \theta}(r,\theta)\,\mathrm{d}\theta = u(r,2\pi) - u(r,0) = 0\,.$$

Reciprocamente, se (A.8) é satisfeita então

$$u(r,\theta) \doteq \int_0^\theta f(r,\theta')\,\mathrm{d}\theta'$$

satisfaz $\partial u/\partial\theta = f$ e pertence a $\mathcal{A}$, uma vez que, para todo $r > 0$,

$$u(r,\theta+2\pi) - u(r,\theta) = \int_\theta^{\theta+2\pi} f(r,\theta')\,\mathrm{d}\theta' = \int_0^{2\pi} f(r,\theta')\,\mathrm{d}\theta' = 0\,.$$

$\square$

Passaremos agora à demonstração de (A.7). Temos que verificar que dada qualquer $\omega \in \mathcal{A}_1$ satisfazendo $\mathrm{d}\omega = 0$ então existe $\lambda \in \mathbb{R}$ tal que

(A.9) $$\omega - \lambda\,\mathrm{d}\theta \in \{\mathrm{d}v : v \in \mathcal{A}\}\,.$$

Tomemos então uma tal $\omega = a\,\mathrm{d}r + b\,\mathrm{d}\theta$. Temos

$$\frac{\mathrm{d}}{\mathrm{d}r}\int_0^{2\pi} b(r,\theta)\,\mathrm{d}\theta = \int_0^{2\pi} \frac{\partial b}{\partial r}(r,\theta)\,\mathrm{d}\theta$$

$$= \int_0^{2\pi} \frac{\partial a}{\partial \theta}(r,\theta)\,\mathrm{d}\theta = a(r,2\pi) - a(r,0) = 0$$

e portanto

$$\int_0^{2\pi} b(r,\theta)\,\mathrm{d}\theta \doteq \kappa \quad (\text{constante!})\,.$$

Seja

$$\tilde{\omega} \doteq \omega - \frac{\kappa}{2\pi}\,\mathrm{d}\theta = a\,\mathrm{d}r + \tilde{b}\,\mathrm{d}\theta\,.$$

aplicação linear $(\lambda_n^{-1})^\star : H^n(\mathcal{F}) \to H^n(\mathcal{E})$ que é, obviamente, a inversa de $\lambda_n^\star$. □

A.2 A cohomologia de De Rham

Se Ω é um subconjunto aberto de $\mathbb{R}^N$ então os *espaços de cohomologia (de De Rham)* de Ω, denotados por $H^n(\Omega)$, $n \geq 0$, são, por definição, os espaços de cohomologia do complexo de $\mathbb{R}$-espaços vetoriais dado por

$$C^\infty(\Omega) = \mathsf{F}_0(\Omega) \xrightarrow{d} \mathsf{F}_1(\Omega) \xrightarrow{d} \mathsf{F}_2(\Omega) \xrightarrow{d} \cdots \xrightarrow{d} \mathsf{F}_n(\Omega) \xrightarrow{d} \mathsf{F}_{n+1}(\Omega) \xrightarrow{d} \cdots$$

Explicitamente, temos então

$$H^0(\Omega) = \operatorname{Ker}\left(C^\infty(\Omega) \xrightarrow{d} \mathsf{F}_1(\Omega)\right),$$

$$H^n(\Omega) = \frac{\operatorname{Ker}\left(\mathsf{F}_n(\Omega) \xrightarrow{d} \mathsf{F}_{n+1}(\Omega)\right)}{\operatorname{Im}\left(\mathsf{F}_{n-1}(\Omega) \xrightarrow{d} \mathsf{F}_n(\Omega)\right)}, \quad n \geq 1.$$

Tomemos agora um subconjunto aberto U de $\mathbb{R}^M$ e $F : \Omega \to U$ uma aplicação de classe C^∞. A aplicação F induz aplicações lineares $\lambda_n : \mathsf{F}_n(U) \to \mathsf{F}_n(\Omega)$, $\lambda_n(\omega) = \omega_F$. Uma vez que $d(\omega_F) = (d\omega)_F$ segue que (A.5) está satisfeita, de onde concluímos que a aplicação "pullback por F" induz aplicações lineares $H^n(U) \to H^n(\Omega)$. Em particular do Lema reflemaA.1 obtemos o seguinte resultado:

Proposição A.2 *Se Ω e U são abertos de $\mathbb{R}^N$ e se existir uma difeomorfismo de classe C^∞ de Ω sobre U então $H^n(\Omega) \simeq H^n(U)$ para todo $n \geq 0$.*

Vejamos agora algumas propriedades dos espaços de cohomologia $H^n(\Omega)$.

Proposição A.3 *Seja Ω um subconjunto aberto de $\mathbb{R}^n$.*

(i) $H^n(\Omega) = 0$ *se* $n > N$.

(ii) Se $\kappa = |\{V : V \text{ é componente conexa de } \Omega\}|$ então $H^0(\Omega)$ é igual ao produto cartesiano de κ cópias de $\mathbb{R}$.*

(iii) Se Ω é estrelado então $H^0(\Omega) \simeq \mathbb{R}$ e $H^n(\Omega) = 0$ para todo $n \geq 1$.

DEMONSTRAÇÃO: *(i)* segue do fato que $\mathsf{F}_n(\Omega) = 0$ se $n > N$. Para *(ii)* é suficiente observar que $H^0(\Omega)$ é formado pelas funções com diferencial nulo, isto é, as funções que são constantes em cada componente conexa de Ω. Finalmente, *(iii)* segue do Lema de Poincaré (Teorema 4.25) e do fato que todo aberto estrelado é, necessariamente, conexo. □

Observação A.4 É possível mostrar que $H^N(\Omega) = 0$ para todo aberto Ω de $\mathbb{R}^N$. Infelizmente as técnicas requeridas para sua demonstração fogem do escopo deste curso (cf. Exercício 3 do Apêndice A).

Assim, para se determinar a cohomologia de um aberto de $\mathbb{R}^N$ é suficiente determinar $H^n(\Omega)$ para $1 \leq n \leq N-1$.

O caso $N = 2$ é particularmente interessante. Para um aberto Ω de $\mathbb{R}^2$ o único espaço que precisa ser determinado é $H^1(\Omega)$. Por exemplo, se existir um difeomorfismo de classe C^∞ entre Ω e o disco unitário $D \doteq \{(x,y) \in \mathbb{R}^2 : x^2 + y^2 < 1\}$ então $H^1(\Omega) = 0$. Vale a recíproca deste fato, que é um resultado não elementar e cuja demonstração segue do famoso *Teorema de Riemann* da teoria das funções analíticas de uma variável complexa: se Ω é um subconjunto aberto e conexo de $\mathbb{R}^2$ com $H^1(\Omega) = 0$ então existe um difeomorfismo de classe C^∞ entre Ω e D. O próximo resultado determina completamente a cohomologia do plano com sua origem removida.

Teorema A.5 Se $\Omega = \mathbb{R}^2 \setminus \{0\}$ então $H^1(\Omega) \simeq \mathbb{R}$. Mais precisamente, se

$$\alpha = \frac{-y}{x^2+y^2}\,\mathrm{d}\,x + \frac{x}{x^2+y^2}\,\mathrm{d}\,y,$$

e se $\xi \in H^1(\Omega)$ então existe $\lambda \in \mathbb{R}$ tal que $\xi = \lambda[\alpha]$ (lembre que, de acordo com a discussão que segue o Exemplo 5.4, $[\alpha] \neq 0$ em $H^1(\Omega)$).

---

*O número de componentes conexas de um aberto de $\mathbb{R}^N$ ou é finito ou é (infinito) enumerável (propriedade de Lindelöf). Neste último caso $H^0(\Omega)$ será então o $\mathbb{R}$-espaço vetorial formado por todas as sequências de números reais.

B

Exercícios

Capítulo 1

1. Seja X um conjunto não vazio e seja $\mathcal{C}$ um subconjunto de P(X). Suponha $\mathcal{C} \neq \emptyset$. Mostre que existe a menor σ-álgebra que contém $\mathcal{C}$, isto é, mostre que existe uma σ-álgebra $\mathcal{A}$ de subconjuntos de X satisfazendo as seguintes propriedades:

(a) $\mathcal{C} \subset \mathcal{A}$;

(b) Se $\mathcal{D}$ é uma σ-álgebra de subconjuntos de X tal que $\mathcal{C} \subset \mathcal{D}$ então $\mathcal{A} \subset \mathcal{D}$.

2. Seja X um conjunto não enumerável. Mostre que

$$\mathcal{A} \doteq \{A \in \mathrm{P}(X) : A \text{ ou } X \setminus A \text{ é enumerável}\}$$

é uma σ-álgebra de subconjuntos de X. Defina $\mu : \mathcal{A} \to \{0, 1\}$ pela regra $\mu(A) = 0$ se A é enumerável, $\mu(A) = 1$ se $X \setminus A$ é enumerável. Mostre que μ é uma medida.

3. Sejam $(X, \mathcal{A})$ um espaço mensurável e $f : X \to \mathbb{R}$ satisfazendo a seguinte propriedade: existe A denso em $\mathbb{R}$ tal que $\{x \in X : f(x) < a\} \in \mathcal{A}$ para todo $a \in A$. Mostre que f é $\mathcal{A}$-mensurável.

4. Sejam $(X, \mathcal{A})$ um espaço mensurável e $f_n : X \to \mathbb{R}$, $n = 1, 2, \ldots$, uma sequência de funções $\mathcal{A}$-mensuráveis. Mostre que o conjunto dos pontos $x \in X$ para os quais existe o limite da sequência $\{f_n(x)\}$ é $\mathcal{A}$-mensurável.

5. Sejam $(X, \mathcal{A}, \mu)$ um espaço de medida finita e $f : X \to \mathbb{R}$ uma função $\mathcal{A}$-mensurável. Mostre que para todo $\varepsilon > 0$ existem $A_\varepsilon \in \mathcal{A}$ e $M > 0$ tais que $\mu(X \setminus A_\varepsilon) < \varepsilon$ e $|f(x)| \leq M$ para $x \in A_\varepsilon$. A hipótese $\mu(X) < \infty$ é essencial?

6. Sejam $(X, \mathcal{A}, \mu)$ um espaço de medida finita e $f_n : X \to \mathbb{R}$, $n = 1, 2, \ldots$, uma sequência de funções $\mathcal{A}$-mensuráveis. Suponha que exista $\lim_n f_n(x)$ para todo $x \in X$ e seja $f \doteq \lim f_n$. Mostre que para todo $\delta > 0$ existe $A \in \mathcal{A}$ com $\mu(A) < \delta$ tal que f_n converge *uniformemente* para f em $X \setminus A$.

7. Seja $(X, \mathcal{A})$ um espaço mensurável e seja ν_{x_0} a medida de Dirac em $\mathcal{A}$ concentrada em $x_0 \in X$. Dada $f : X \to \mathbb{R}$ uma função $\mathcal{A}$-mensurável e limitada determine $\int_X f \, \mathrm{d}\nu_{x_0}$.

8. Sejam $(X, \mathcal{A}, \mu)$ um espaço de medida finita e $g : X \to [0, \infty[$ uma função $\mathcal{A}$-mensurável e limitada. Considere a medida finita

$$\nu(A) = \int_A g(x) \, \mathrm{d}\mu(x) \quad A \in \mathcal{A}.$$

Mostre que se $f : X \to \mathbb{R}$ é $\mathcal{A}$-mensurável e limitada então

$$\int_X f(x) \, \mathrm{d}\nu(x) = \int_X f(x) g(x) \, \mathrm{d}\mu(x).$$

9. Sejam $(X, \mathcal{A}, \mu)$ um espaço de medida finita e $f : X \to [0, \infty[$ uma função $\mathcal{A}$-mensurável e limitada. Mostre que se $\int_X f(x) \, \mathrm{d}\mu(x) = 0$ então $f = 0$ μ-q.s.

10. Sejam $(X, \mathcal{A}, \mu)$ um espaço de medida com $\mu(X) = 1$, $\varepsilon > 0$ e $f : X \to [\varepsilon, \infty[$ uma função $\mathcal{A}$-mensurável e limitada. Mostre que

$$\int_X \log f \, \mathrm{d}\mu \leq \log \int_X f \, \mathrm{d}\mu.$$

Sugestão. Mostre primeiramente que $\log t \le t - 1$ para $0 < t < \infty$. A seguir substitua t or $f(x)/\int_X f \, d\mu$ e integre.

11. Sejam $(X, \mathcal{A}, \mu)$ um espaço de medida com $\mu(X) = 1$, $\varepsilon > 0$ e $f : X \to [\varepsilon, \infty[$ uma função $\mathcal{A}$-mensurável e limitada. Mostre que

$$\lim_{p \to 0^+} \left(\int_X f^p \, d\mu \right)^{1/p} = \exp\left(\int_X \log f \, d\mu \right).$$

Sugestão. $\lim_{t \to 0^+} (a^t - 1)/t = ?$

12. Seja $(G, \mathcal{B}, \mu)$ um espaço de medida finita. Suponha que sobre G esteja definida uma estrutura de grupo $(g, h) \mapsto g \cdot h$ satisfazendo a seguinte propriedade: se $g \in G$ e $A \in \mathcal{B}$ então $g \cdot A \doteq \{g \cdot h : h \in A\} \in \mathcal{B}$ e $\mu(g \cdot A) = \mu(A)$. Seja ainda $f : G \to \mathbb{R}$ uma função $\mathcal{B}$-mensurável e limitada. Mostre que para todo $g \in G$ vale

$$\int_G f(g \cdot h) \, d\mu(h) = \int_G f(h) \, d\mu(h).$$

13. Sejam $(Y, \mathcal{A}, \mu)$ um espaço de medida finita e $U \subset \mathbb{R}^N$ aberto. Considere uma função $f : U \times Y \to \mathbb{R}$ satisfazendo a seguinte propriedade:

para todo $x \in U$ a função $y \mapsto f(x, y)$ é $\mathcal{A}$-mensurável e limitada.

Esta propriedade permite definir $F : U \mapsto \mathbb{R}$ pela fórmula

$$F(x) = \int_Y f(x, y) \, d\mu(y).$$

(a) Suponha ainda que, para todo $y \in Y$, a função $x \mapsto f(x, y)$ seja contínua em U e que exista uma constante $M > 0$ tal que $|f(x, y)| \le M$ quando $(x, y) \in U \times Y$. Mostre que então F é contínua.

(b) Suponha agora que, para todo $y \in Y$, a função $x \mapsto f(x, y)$ seja de classe C^1 em U e que exista um constante $M_1 > 0$ tal que

$$\left| \frac{\partial f}{\partial x_j}(x, y) \right| \le M_1, \quad (x, y) \in U \times Y, \; j = 1, \ldots, N.$$

Mostre que F é de classe C^1 em U e que

$$\frac{\partial F}{\partial x_j}(x) = \int_Y \frac{\partial f}{\partial x_j}(x,y)\,\mathrm{d}\mu(y), \quad x \in U,\ j = 1, \ldots, N.$$

(c) Determine uma condição suficiente para que F seja de classe C^k em U, $k = 2, \ldots, \infty$.

14. Seja $(X, \mathcal{A}, \mu)$ um espaço de medida finita e seja $\mathcal{F}$ o conjunto de todas as funções $\mathcal{A}$-mensuráveis $f : X \to \mathbb{R}$. Para $f, g \in \mathcal{F}$ defina

$$d(f, g) = \int_X \frac{|f - g|}{1 + |f - g|}\,\mathrm{d}\mu.$$

Mostre as seguintes afirmações:

(a) $d(f, g) = 0$ se, e só se, $f = g$ μ-q.s.

(b) $d(f, g) = d(g, f)$.

(c) $d(f, g) \leq d(f, h) + d(h, g)$.

(d) Se $f_n \in \mathcal{F}$, $n = 1, 2, \ldots$, e se $f \in \mathcal{F}$ então $d(f_n, f) \to 0$ se, e só se, para todo $\delta > 0$ tem-se

$$\lim_{n \to \infty} \mu\left(\{x \in X : |f_n(x) - f(x)| \geq \delta\}\right) = 0.$$

(e) Se $f_n \in \mathcal{F}$, $n = 1, 2, \ldots$, é tal que $d(f_m, f_n) \to 0$ então existe $f \in \mathcal{F}$ tal que $d(f_n, f) \to 0$.

Capítulo 2

1. Demonstre que a classe de todos os subconjuntos A de $\mathbb{R}^N$ tais que $\mathsf{m}^*(A) = 0$ ou $\mathsf{m}^*(\mathbb{R}^N \setminus A) = 0$ forma uma σ-álgebra.

2. Sejam A, B subconjuntos de $\mathbb{R}^N$, com $\mathsf{m}^*(A) = 0$. Mostre que $\mathsf{m}^*(A \cup B) = \mathsf{m}^*(B)$.

3. Seja A um subconjunto enumerável de $\mathbb{R}^N$. Mostre que $\mathsf{m}^*(A) = 0$.

4. Sejam A um subconjunto de $\mathbb{R}^N$, $y \in \mathbb{R}^N$ e $\lambda \in \mathbb{R}$. Defina $y + A \doteq \{y + x : x \in A\}$ e $\lambda A \doteq \{\lambda x : x \in A\}$. Mostre que:

(a) $\mathsf{m}^*(y + A) = \mathsf{m}^*(A)$;

(b) $\mathsf{m}^*(\lambda A) = |\lambda|^N \mathsf{m}^*(A)$.

5. Mostre que se $A \subset \mathbb{R}^N$ é Lebesgue-mensurável e se $y \in \mathbb{R}^N$ então $y + A$ é Lebesgue-mensurável e que $\mathsf{m}(y + A) = \mathsf{m}(A)$. Mostre ainda que se $\lambda \in \mathbb{R}$ então λA é também Lebesgue-mensurável e que $\mathsf{m}(\lambda A) = |\lambda|^N \mathsf{m}(A)$.

6. Seja $f : \mathbb{R}^N \to \mathbb{R}$ Lebesgue mensurável e suponha que exista $\partial f / \partial x_1$ em todo ponto de $\mathbb{R}^N$. Mostre que $\partial f / \partial x_1$ é também Lebesgue mensurável.

7. Sejam $X \in \mathcal{M}(\mathbb{R}^N)$ com $\mathsf{m}(X) < \infty$, $y \in \mathbb{R}^N$ e $f : y + X \to \mathbb{R}$ uma função $\mathcal{M}(y + X)$-mensurável e limitada. Mostre que $x \mapsto f(y + x)$ é $\mathcal{M}(X)$-mensurável e que

$$\int_X f(y + x) \, \mathrm{d}\mathsf{m}(x) = \int_{y+X} f(x) \, \mathrm{d}\mathsf{m}(x).$$

8. Sejam $X \in \mathcal{M}(\mathbb{R}^N)$ com $\mathsf{m}(X) < \infty$, $\lambda \in \mathbb{R}$ e $f : \lambda X \to \mathbb{R}$ uma função $\mathcal{M}(\lambda X)$-mensurável e limitada. Mostre que $x \mapsto f(\lambda x)$ é $\mathcal{M}(X)$-mensurável e que

$$|\lambda|^N \int_X f(\lambda x) \, \mathrm{d}\mathsf{m}(x) = \int_{\lambda X} f(x) \, \mathrm{d}\mathsf{m}(x).$$

9. Sejam $A, B \in \mathcal{M}(\mathbb{R}^N)$ e $f : A \cup B \to \mathbb{R}$ uma função definida em $A \cup B$. Mostre que f é $\mathcal{M}(A \cup B)$-mensurável se, e somente se, $f|_A : A \to \mathbb{R}$ é $\mathcal{M}(A)$-mensurável e $f|_B : B \to \mathbb{R}$ é $\mathcal{M}(B)$-mensurável.

10. Sejam $X \in \mathcal{M}(\mathbb{R}^N)$ e $f : X \to \mathbb{R}$ uma função $\mathcal{M}(X)$-mensurável. Mostre que $f^{-1}[U] \in \mathcal{M}(X)$, qualquer que seja o aberto $U \subset \mathbb{R}$.

11. Sejam $\Omega \subset \mathbb{R}^N$ aberto e $f : \Omega \to \mathbb{R}$ Lebesgue-mensurável e limitada sobre os compactos de Ω. Sejam $x_0 \in \Omega$ e $r > 0$ tais que $\{x : |x - x_0| \leq r\} \subset \Omega$ e considere uma sequência de conjuntos Lebesgue-mensuráveis X_j satisfazendo $\mathsf{m}(X_j) > 0$ e $X_j \subset \{x : |x - x_0| \leq r/j\}$. Mostre que se f é contínua em x_0 então

$$\lim_{j \to \infty} \frac{1}{\mathsf{m}(X_j)} \int_{X_j} f(x) \,\mathsf{d}\,\mathsf{m}(x) = f(x_0).$$

12. Sejam $\Omega \subset \mathbb{R}^N$ aberto e $f : \Omega \to [0, \infty[$ uma função Lebesgue-mensurável, que é limitada sobre os subconjuntos compactos de Ω. Suponha que exista uma constante $C > 0$ tal que $\int_K f(x) \,\mathsf{d}\,\mathsf{m}(x) \leq C$ para todo $K \subset \Omega$ compacto. Seja $\{K_j\}$ uma sequência de subconjuntos compactos de Ω satisfazendo $K_j \subset \mathrm{int}(K_{j+1})$, $\bigcup_{j=1}^{\infty} K_j = \Omega$. Mostre que

$$\lim_{j \to \infty} \int_{K_j} f(x) \,\mathsf{d}\,\mathsf{m}(x) = \sup \left\{ \int_K f(x) \,\mathsf{d}\,\mathsf{m}(x) : K \subset \Omega, K \text{ compacto} \right\}.$$

13. Seja $[a, b]$, $a < b$, um intervalo compacto de $\mathbb{R}$ e $f : [a, b] \to \mathbb{R}$ Lebesgue mensurável e limitada. Suponha que $\int_{[a,x]} f(t) \,\mathsf{d}\,\mathsf{m}(t) = 0$ para todo $x \in [a, b]$. Mostre que $f = 0$ m-q.s. em $[a, b]$

14. Caso você não conheça, procure e estude em algum texto a construção do conjunto de Cantor em $\mathbb{R}$ (o livro de Hewitt–Stromberg, Real and Abstract Analysis, Graduate Texts in Mathematics no. 25, Springer-Verlag, 1965 é uma referência). Mostre que o conjunto de Cantor é $\mathcal{M}(\mathbb{R})$-mensurável, não enumerável e de medida zero.

15. Seja $f : [0, 1] \to \mathbb{R}$ contínua. Defina

$$g(x) = f(x_1)f(x_2)\cdots f(x_N), \quad x = (x_1, \ldots, x_N) \in I.$$

Mostre que

$$\int_{[0,1]^N} g(x) \,\mathsf{d}\,\mathsf{m}(x) = \left[\int_{[0,1]} f(t) \,\mathsf{d}\,\mathsf{m}(t) \right]^N.$$

16. Uma medida μ definida sobre os conjuntos Lebesgue mensuráveis de $\mathbb{R}^N$ satisfaz a propriedade $(\star)$ se $\mu(K) < \infty$ para todo compacto K de $\mathbb{R}^N$ e se existe uma constante $C > 1$ tal que

$$\mu(B[x, 2\delta]) \leq C\mu(B[x, \delta]), \quad x \in \mathbb{R}^n, \ \delta > 0.$$

Aqui $B[x, \delta] = \{y \in \mathbb{R}^N : |y - x| \leq \delta\}$. Mostre que

(a) A medida de Lebesgue m satisfaz a propriedade $(\star)$.

(b) Se μ satisfaz $(\star)$ e não se anula identicamente então $\mu(\mathbb{R}^N) = \infty$.

(c) Se μ satisfaz $(\star)$ e se $x \in \mathbb{R}^N$ então $\mu(\{x\}) = 0$.

Sugestão para (c). Dado $v \in \mathbb{R}^N$ com $|v| = 1$ tem-se

$$\mu(\{x\}) + \mu(B[x + \delta v/2, \delta/4]) \leq \mu(B[x, \delta]).$$

Capítulo 3

1. Seja $\Omega \subset \mathbb{R}^N$ aberto. Mostre que dados um intervalo $I \Subset \Omega$ e $\varepsilon > 0$ existem cubos compactos $I_j \subset \Omega$, $j = 1, \ldots, n$, tais que $I \subset I_1 \cup \cdots \cup I_n$ e $\sum_{j=1}^n \mathsf{Vol}(I_j) \leq \mathsf{Vol}(I) + \varepsilon$.

2. Sejam $\Omega \subset \mathbb{R}^N$, $E \Subset \Omega$ com $\mathsf{m}(E^*) = 0$ e $\varepsilon > 0$. Mostre que existe uma sequência de cubos compactos $I_n \subset \Omega$, $n = 1, 2, \ldots$, tal que $E \subset \bigcup_n I_n$ e $\sum_n \mathsf{Vol}(I_n) < \varepsilon$.

3. Defina $F : \mathbb{R}^2 \to \mathbb{R}^2$ pela regra

$$F(x, y) = (\mathrm{e}^x \cos y - 1, \mathrm{e}^x \operatorname{sen} y).$$

Mostre que $F = G_2 \circ G_1$ em uma vizinhança da origem, onde

$$G_1(x, y) = (\mathrm{e}^x \cos y - 1, y) \quad \text{e} \quad G_2(u, v) = (u, (1 + u)\tan v).$$

Determine $F'(0, 0)$, $G_1'(0, 0)$ e $G_2'(0, 0)$. Defina ainda

$$H_1(x, y) = (x, \mathrm{e}^x \operatorname{sen} y)$$

e determine
$$H_2(u,v) = (h(u,v), v)$$
de tal modo que $F = H_2 \circ H_1$ em uma vizinhança da origem. Compare o resultado obtido com a Proposição 3.9.

4. Defina $(x,y) = T(r,\theta)$ no retângulo
$$R = \{(r,\theta) : 0 \leq r \leq a,\ 0 \leq \theta \leq 2\pi\}$$
por
$$x = r\cos\theta \quad \text{e} \quad y = r\,\text{sen}\,\theta.$$
Mostre T aplica R sobre o disco fechado D de centro na origem e raio a, que T é injetora no interior de R e que $\det T'(r,\theta) = r$. Mostre também que se $f : D \to \mathbb{R}$ é Lebesgue-mensurável e limitada então
$$\int_D f = \int_R f(T(r,\theta))\,r\,dr\,d\theta.$$

Observação: note que o Teorema de Mudança de Variáveis não se aplica diretamente...

5. Sejam $\Omega \subset \mathbb{R}^N$ aberto e $f : \Omega \to f(\Omega)$ um difeomorfismo de classe C^1. Mostre que se $F \subset \Omega$ é tal que $\mathsf{m}^*(F) = 0$ então $\mathsf{m}^*(f(F)) = 0$.

6. Sejam I um intervalo aberto de $\mathbb{R}$ e $g : I \to \mathbb{R}$ de classe C^1. Defina $\Omega = I \times \mathbb{R} \subset \mathbb{R}^2$ e $f : \Omega \to \mathbb{R}^2$, $f(x,y) = (x, y + g(x))$.

(a) Mostre que f é um difeomorfismo de classe C^1 de Ω sobre si mesmo.

(b) Mostre que se $E \Subset \Omega$ é Lebesgue-mensurável então $\mathsf{m}(f(E)) = \mathsf{m}(E)$.

(c) Mostre que o gráfico de g, que é por definição o conjunto $\{(x, g(x)) : x \in I\} \subset \mathbb{R}^2$, tem medida nula.

(d) Mostre que se $r > 0$ então o círculo $S = \{(x,y) \in \mathbb{R}^2 : x^2 + y^2 = r^2\}$ tem medida de Lebesgue nula.

7. Sejam $\Omega \subset \mathbb{R}^N$ aberto e $f : \Omega \to f(\Omega)$ um difeomorfismo de classe C^1. Para cada $a = (a_1, \ldots, a_N) \in \Omega$ e cada $r > 0$ defina

$$I[a,r] = [a_1 - r/2, a_1 + r/2] \times \cdots \times [a_N - r/2, a_N + r/2].$$

Mostre que
$$\lim_{r \to 0^+} \frac{\mathsf{m}\,(f(I[a,r]))}{r^N} = |\det f'(a)|.$$

8. Sejam $\Omega \subset \mathbb{R}^N$ aberto, $f : \Omega \to \mathbb{R}^N$ de classe C^2 e $a = (a_1, \ldots, a_N) \in \Omega$. Suponha que $f'(a) = 0$. Seguindo a notação do exercício anterior, mostre que
$$\lim_{r \to 0^+} \frac{\mathsf{m}\,(f(I[a,r]))}{r^N} = 0.$$

Sugestão. Mostre, primeiramente, que existe $C > 0$ tal que $|f(x) - f(a)| \le C|x-a|^2$, $x \in I[a,r]$ e conclua que $\operatorname{diam}(f(I[a,r])) \le CNr^2/2$.

9. Seja $f : \mathbb{R}^N \to \mathbb{R}^N$ um difeomorfismo de classe C^1 tal que $f(B) \subset B$, onde $B = \{x : |x| \le 1\}$. Suponha ainda que $|\det f'(x)| < 1$ para todo $x \in B$. Determine, para $g : B \to \mathbb{R}$ contínua, o limite

$$\lim_{n \to \infty} \int_{f^n(B)} g(x)\,\mathsf{d}\,\mathsf{m}(x).$$

Aqui $f^n = f \circ \cdots \circ f$ (n fatores).

Para os próximos dois exercícios adotaremos a seguinte definição.

Definição. Se $f : \mathbb{R}^N \to [0, \infty[$ é Lebesgue-mensurável e limitada sobre os conjuntos limitados de $\mathbb{R}^N$, definimos

$$\int_{\mathbb{R}^N} f(x)\,\mathsf{d}\,\mathsf{m}(x) = \lim_{R \to \infty} \int_{I_R} f(x)\,\mathsf{d}\,\mathsf{m}(x),$$

onde $I_R = [-R, R]^N$.

Note que este limite sempre existe e que seu valor pertence a $[0, \infty]$.

10. Mostre que
$$\int_{\mathbb{R}} e^{-x^2}\, d\,m(x) = \sqrt{\pi}.$$

Sugestão. Inicie observando que
$$\left(\int_{[-R,R]} e^{-x^2}\, d\,m(x)\right)^2 = \int_{[-R,R]^2} e^{-(x^2+y^2)}\, d\,m(x,y).$$

11. Uma transformação linear $A \in L(\mathbb{R}^N)$ é *definida positiva* se $\langle Ax, x\rangle > 0$ para $x \in \mathbb{R}^N$, $x \neq 0$. Mostre que se A é definida positiva e simétrica então
$$\int_{\mathbb{R}^N} e^{-\langle Ax,x\rangle}\, d\,m(x) = \left(\frac{\pi^N}{\det A}\right)^{1/2}.$$

Sugestão. Lembre-se que se A é definida positiva e simétrica então $\det A > 0$ e que, de acordo com um resultado de Álgebra Linear, existe $B \in L(\mathbb{R}^N)$, com $B^*B = I$, tal que B^*AB é diagonalizável.

Capítulo 4

1. Sejam $\Omega \subset \mathbb{R}^N$ aberto e $K \subset \Omega$ compacto. Mostre que se $f \in C^\infty(\Omega)$ então existe $F \in C^\infty(\mathbb{R}^N)$ tal que $F = f$ em K.

2. Seja ρ_ε como definida no início do Capítulo 4. Seja também $u : \mathbb{R}^N \to \mathbb{R}$ uma função contínua que satisfaz a seguinte propriedade: existe um compacto $K \Subset \mathbb{R}^N$ tal que $u(x) = 0$ se $x \notin K$. Defina
$$u_\varepsilon(x) = \int_{\mathbb{R}^N} u(x-y)\, \rho_\varepsilon(y)\, d\,m(y).$$

Mostre as seguintes afirmações:

(a) $u_\varepsilon \in C^\infty(\mathbb{R}^N)$.

(b) Existe um compacto $K_0 \Subset \mathbb{R}^N$ tal que $u_\varepsilon(x) = 0$ se $x \notin K_0$ e $0 < \varepsilon \leq 1$.

(c) $u_\varepsilon \xrightarrow{\varepsilon \to 0^+} u$ uniformemente em $\mathbb{R}^N$.

3. Mostre que se I, J e K são multi-índices ordenados de comprimento p, q e r respectivamente, formados por elementos de $\{1, \ldots, N\}$, então

$$d\,x_I \wedge d\,x_J = (-1)^{pq} d\,x_J \wedge d\,x_I,$$
$$(d\,x_I \wedge d\,x_J) \wedge d\,x_K = d\,x_I \wedge (d\,x_J \wedge d\,x_K).$$

4. Mostre que se ω é uma k-forma definida sobre um subconjunto aberto de $\mathbb{R}^N$, e se k é ímpar, então $\omega \wedge \omega = 0$. Dê um exemplo de uma forma diferencial $\beta \in \mathsf{F}_2(\mathbb{R}^4)$ satisfazendo $\beta \wedge \beta \neq 0$.

5. Sejam $\Omega \subset \mathbb{R}^N$ aberto e $\alpha \in \mathsf{F}_1(\Omega)$. Mostre que

$$d\alpha\,(L, M) = L\,(\alpha\,(M)) - M\,(\alpha\,(L)) - \alpha\,([L, M]), \quad L, M \in \mathsf{X}(\Omega).$$

6. Mostre que se α, β são formas fechadas então $\alpha \wedge \beta$ também é fechada. Mostre que, se em adição, β é exata então $\alpha \wedge \beta$ também é exata.

7. Sejam $F : \mathbb{R}^3 \to \mathbb{R}^2$, $F(x_1, x_2, x_3) = (x_1^2 - \operatorname{sen} x_2, \exp x_3)$, e $\omega = (\log y_2)\,d\,y_1 \wedge d\,y_2 \in \mathsf{F}_2(U)$, onde $U = \{(y_1, y_2) \in \mathbb{R}^2 : y_2 > 0\}$. Determine ω_F.

8. Sejam $\Omega \subset \mathbb{R}^2$ aberto e $\omega = \omega_1\,d\,x_1 + \omega_2\,d\,x_2 \in \mathsf{F}_1(\Omega)$. Defina

$$L = \omega_2 \frac{\partial}{\partial x_1} - \omega_1 \frac{\partial}{\partial x_2} \in \mathsf{X}(\Omega).$$

Mostre que existe $f \in C^\infty(\Omega)$, $f > 0$ em Ω, satisfazendo $d(f\omega) = 0$ se, e somente se, existe $u \in C^\infty(\Omega)$ satisfazendo

$$Lu = \frac{\partial \omega_2}{\partial x_1} - \frac{\partial \omega_1}{\partial x_2}.$$

9. Sejam Ω e U abertos de $\mathbb{R}^N$ e $F : \Omega \to U$ um difeomorfismo de classe C^∞. Dado $L \in \mathsf{X}(\Omega)$ defina $F_*(L) : C^\infty(U) \to C^\infty(U)$ pela regra

$$F_*(L)(g) \doteq L(g \circ F) \circ F^{-1}, \quad g \in C^\infty(U).$$

Mostre que $F_*(L) \in X(U)$ e que $F_* : X(\Omega) \to X(U)$ é $\mathbb{R}$-linear.

10. Defina $\pi : \mathbb{R}^{N+1} \to \mathbb{R}^N$, $\pi(x_1, \ldots, x_N, x_{N+1}) = (x_1, \ldots, x_N)$. Sejam $\omega \in F_1(\mathbb{R}^N)$ e $f \in C^\infty(\mathbb{R}^N)$, com $f \neq 0$ em todo ponto. Defina $\alpha \in F_1(\mathbb{R}^{N+1})$ pela fórmula

$$\alpha \doteq \omega_\pi - \frac{1}{f \circ \pi}\, d\, x_{N+1}.$$

Mostre que $d(f\omega) = 0$ se, e somente se, $\alpha \wedge d\,\alpha = (\omega \wedge d\,\omega)_\pi$.

11. Considere a demonstração do Lema de Poincaré (Teorema 4.25). Determine explicitamente a expressão dos coeficientes da forma α em termos dos coeficientes da forma ω.

Capítulo 5

1. Sejam $\Omega \subset \mathbb{R}^N$ aberto e $\sigma \in c_0(\Omega) = C_0(\Omega)$ tal que $\int_\sigma \omega = 0$, $\forall \omega \in F_0(\Omega)$. Mostre que $\sigma = 0$.

2. Seja $\Omega \subset \mathbb{R}^N$ aberto. Mostre que se $\omega \in F_k(\Omega)$ é tal que $\int_\sigma \omega = 0$, $\forall \sigma \in s_k(\Omega)$, então $\omega = 0$.

3. Sejam $k \geq 2$ e $\Gamma \in c_k(\Omega)$ (Ω aberto de $\mathbb{R}^N$). Mostre que $\partial(\partial \Gamma) = 0$.

4. Sejam $p_0, p_1 \in \mathbb{R}^N$.

(a) Calcule $\partial \sigma$, onde $\sigma = [p_0, p_0, p_0]$.

(b) Seja $\alpha = [p_0, p_1] + [p_1, p_0]$. Determine $\Gamma \in c_2(\mathbb{R}^N)$ tal que $\partial \Gamma = \alpha$.

5. Dada

$$\omega = x_1\, d\,x_2 \wedge d\,x_3 + x_2\, d\,x_1 \wedge d\,x_3 + x_3\, d\,x_1 \wedge d\,x_2$$

determine $\int_\sigma \omega$, onde $\sigma = [e_1 + 2e_3, 2e_2, e_2 - e_1]$ e $\{e_1, e_2, e_3\}$ é a base canônica de $\mathbb{R}^3$.

6. Sejam $\beta \in \mathsf{F}_2(\mathbb{R}^2)$ e $\vartheta = [0, e_1, e_2] + [e_1 + e_2, e_2, e_1] \in \mathsf{c}_2(\mathbb{R}^2)$. Mostre que

$$\int_\vartheta \beta = \int_I \beta,$$

onde $I = [0,1] \times [0,1]$. Aqui $\{e_1, e_2\}$ é a base canônica de $\mathbb{R}^2$.

7. Seja Ω um aberto de $\mathbb{R}^N$. Mostre que se $k \geq 1$ então $\partial : \mathsf{C}_k(\Omega) \to \mathsf{C}_{k-1}(\Omega)$ é uma extensão da aplicação $\partial : \mathsf{c}_k(\Omega) \to \mathsf{c}_{k-1}(\Omega)$. Mostre também que se $k \geq 2$, e se $\theta \in \mathsf{C}_k(\Omega)$, então $\partial(\partial \theta) = 0$.

Sugestão. Para esta última parte note que se $\tau_j^k = [e_0, \ldots, \hat{e}_j, \ldots, e_k]$, onde $e_0 = 0$, então $\tau_j^{(k)} \circ \tau_\ell^{(k-1)} = \tau_{\ell+1}^{(k)} \circ \tau_j^{(k-1)}$.

8. Sejam $\Omega \subset \mathbb{R}^N$ aberto e $D : \mathsf{F}_{N-1}(\Omega) \to \mathsf{F}_N(\Omega)$ um operador linear que satisfaz

$$\int_\Theta D\omega = \int_{\partial \Theta} \omega, \quad \forall \Theta \in \mathsf{C}_N(\Omega).$$

Mostre que $D = \mathrm{d}$, o operador derivada exterior.

Capítulo 6

1. Sejam $\Omega \subset \mathbb{R}^N$ aberto, $\omega \in \mathsf{F}_1(\Omega)$, $\omega = \sum_{j=1}^N \omega_j(x)\, \mathrm{d}x_j$ e suponha que $\sum_{j=1}^N |\omega_j(x)| \neq 0$ para todo $x \in \Omega$. Seja também $\theta \in \mathsf{F}_1(\Omega)$ satisfazendo $\theta \wedge \omega = 0$.

(a) Mostre que dado $x_0 \in \Omega$ existem $V_0 \subset \Omega$ aberto contendo x_0 e $f \in C^\infty(V_0)$ tais que $\theta = f\omega$ em V_0.

(b) Conclua que dado $K \subset \Omega$ compacto existe uma função g de classe C^∞ definida em um aberto U que contém K tal que $\theta = g\omega$ em U. *Sugestão.* Utilizar a Proposição 6.6.

2. Suponha que os coeficientes de $\alpha \in \mathsf{F}_{N-1}(\mathbb{R}^N)$ se anulam no complementar de um compacto K de $\mathbb{R}^N$. Mostre que $\int_K \mathrm{d}\alpha = 0$.

3. Seja $\Omega \subset\subset \mathbb{R}^2$ um aberto regular e sejam $f, g : U \to \mathbb{R}$ de classe C^∞, onde U é um aberto de $\mathbb{R}^2$ que contém $\overline{\Omega}$. Mostre que

$$\int_{\overline{\Omega}} \frac{\partial(f,g)}{\partial(x,y)}(x,y) \, \mathrm{d}\mathsf{m}(x,y) = \int_{\partial\Omega} f \, \mathrm{d}g = -\int_{\partial\Omega} g \, \mathrm{d}f.$$

4. Seja $\Omega \subset\subset \mathbb{R}^N$ um aberto regular e seja $f = (f_1, \ldots, f_N) : U \to \mathbb{R}^N$ de classe C^∞, onde U é um aberto de $\mathbb{R}^N$ que contém $\overline{\Omega}$. Suponha que, para algum $1 \leq j \leq N$ tem-se $f_j = 0$ em $\partial\Omega$. Mostre que

$$\int_{\overline{\Omega}} \det f'(x) \, \mathrm{d}\mathsf{m}(x) = 0.$$

5. Seja Ω um aberto regular em $\mathbb{R}^N$. Enuncie e demonstre uma fórmula para Ω que generalize a conhecida fórmula de integração por partes quando $\Omega =]a,b[\subset \mathbb{R}$.

6. Sejam $\Omega \subset \mathbb{R}^N$ um aberto regular, $U \subset \mathbb{R}^N$ aberto, $\overline{\Omega} \subset U$, $\alpha \in \mathsf{F}_p(U)$, $\beta \in \mathsf{F}_{N-p-1}(U)$. Suponha que β seja fechada e que os coeficientes de α se anulam na fronteira de Ω. Mostre então que

$$\int_{\overline{\Omega}} (\mathrm{d}\,\alpha) \wedge \beta = 0.$$

7. Demonstre a Proposição 6.8.

8. Sejam $f, g \in C_c^\infty(\mathbb{R}^2)$. Escreva as coordenadas em $\mathbb{R}^2$ como (x, y) e seja $\mathsf{H}_+ = \{(x, y) \in \mathbb{R}^2 : y \geq 0\}$. Mostre que se $\omega = f(x,y) \, \mathrm{d}x + g(x,y) \, \mathrm{d}y$ então

$$\int_{\mathsf{H}_+} \mathrm{d}\omega = \int_{\mathbb{R}} f(x,0) \, \mathrm{d}\mathsf{m}(x).$$

9. Sejam $\Omega \subset \mathbb{R}^N$ um aberto com fronteira regular e $\vec{n}$ o campo normal exterior a Ω. Para uma função u de classe C^∞ definida em uma vizinhança V de $\overline{\Omega}$ definimos

$$\Delta u(x) \doteq \sum_{j=1}^{N} \frac{\partial^2 u}{\partial x_j^2}(x), \quad x \in V \qquad \text{e} \qquad \frac{\partial u}{\partial \vec{n}}(y) \doteq \vec{\nabla} u(y) \cdot \vec{n}(y), \quad y \in \partial\Omega.$$

Utilize o teorema da divergência para mostrar que se u, v são de classe C^∞ em V então

$$\int_{\overline{\Omega}} \left(u(x)\Delta v(x) + \vec{\nabla} u(x) \cdot \vec{\nabla} v(x) \right) \mathrm{d}\,\mathsf{m}(x) = \int_{\partial\Omega} u(y) \frac{\partial v}{\partial \vec{n}}(y) \, \mathrm{d}\,\mathsf{m}_{\partial\Omega}(y),$$

e que

$$\int_{\overline{\Omega}} (u(x)\Delta v(x) - v(x)\Delta u(x)) \, \mathrm{d}\,\mathsf{m}(x)$$
$$= \int_{\partial\Omega} \left(u(y) \frac{\partial v}{\partial \vec{n}}(y) - v(y) \frac{\partial u}{\partial \vec{n}}(y) \right) \mathrm{d}\,\mathsf{m}_{\partial\Omega}(y).$$

Conclua que se $\Delta u = 0$ em Ω e se $u = 0$ em $\partial \Omega$ então $u = 0$ em $\overline{\Omega}$.

10. Mostre os resultados abaixo:

(a) Seja $\rho : \mathbb{R}^N \to \mathbb{R}$ de classe C^∞ tal $\Omega \doteq \{x \in \mathbb{R}^N : \rho(x) < 0\}$ é limitado e $\mathrm{d}\rho(x) \neq 0$ quando $\rho(x) = 0$. Então Ω é um aberto com fronteira regular.

(b) Seja Ω um aberto de $\mathbb{R}^N$ com fronteira regular. Então dado $x_0 \in \partial\Omega$ existe um aberto $U \subset \mathbb{R}^N$ contendo x_0 e $g : U \to \mathbb{R}$ de classe C^∞ tal que

$$g(x_0) = 0, \quad \mathrm{d}\,g(x_0) \neq 0, \quad U \cap \Omega = \{x \in U : g(x) < 0\}.$$

(c) Todo aberto com fronteira regular é da forma descrita no ítem (a) para alguma função ρ. *Sugestão: utilizar partições da unidade.*

(d) Se $r > 0$ então $B = \{x \in \mathbb{R}^N : |x| < r\}$ é um aberto com fronteira regular.

(e) Seja $L = \sum_{j=1}^N a_j(x) \partial/\partial x_j$ um campo vetorial definido em um aberto contendo $\overline{B}$. Seja também $\vec{a} = (a_1, \ldots, a_N)$. Então

$$\int_{\overline{B}} (\mathrm{div}\, L)(x) \, \mathrm{d}\,\mathsf{m}(x) = \int_{\partial B} \vec{a}(y) \cdot \frac{y}{|y|} \, \mathrm{d}\,\mathsf{m}_{\partial B}(y).$$

(f) Em particular
$$m(B) = \frac{r}{N} m_{\partial B}(\partial B).$$

(g) Seja $B_0 = \{x \in \mathbb{R}^N : |x| < 1\}$. Então
$$m_{\partial B}(\partial B) = r^{N-1} m_{\partial B_0}(\partial B_0).$$

Apêndice A

1. Seja
$$\mathcal{E} : E_0 \xrightarrow{T_0} E_1 \xrightarrow{T_1} E_2 \xrightarrow{T_2} \cdots \xrightarrow{T_{n-1}} E_n \longrightarrow 0$$
um complexo finito de espaços vetoriais, todos eles de dimensão finita. Mostre que
$$\sum_{j=0}^{n} (-1)^j \dim H^j(\mathcal{E}) = \sum_{j=0}^{n} (-1)^j \dim E_j.$$

2. Seja $\Omega \subset \mathbb{R}$ aberto. Mostre que dada $f \in C^\infty(\Omega)$ existe $g \in C^\infty(\Omega)$ tal que $g' = f$. Conclua que $H^1(\Omega) = 0$.

3. Seja $C_{2\pi}^\infty(\mathbb{R}^N)$ o espaço das funções infinitamente diferenciáveis em $\mathbb{R}^N$ que são periódicas (e de período 2π) em cada uma das variáveis. Considere a aplicação
$$D : C_{2\pi}^\infty(\mathbb{R}^N) \longrightarrow \underbrace{C_{2\pi}^\infty(\mathbb{R}^N) \times \cdots \times C_{2\pi}^\infty(\mathbb{R}^N)}_{N \text{ fatores}},$$
$$D(f) = \left(\frac{\partial f}{\partial x_1}, \ldots, \frac{\partial f}{\partial x_N} \right).$$

Seja também F o subespaço de $C_{2\pi}^\infty(\mathbb{R}^N) \times \cdots \times C_{2\pi}^\infty(\mathbb{R}^N)$ formado pelas N-plas $(f_1, \ldots, f_N)$ que satisfazem
$$\frac{\partial f_i}{\partial x_j} = \frac{\partial f_j}{\partial x_i}, \quad i, j = 1, \ldots, N.$$

Mostre que F contém a imagem da aplicação D e determine o quociente de F pela imagem de D.

4. Seja $\Omega = \mathbb{R}^3 \setminus \{0\}$. Mostre que $H^2(\Omega) \neq 0$. Sugestão: Considere a 2-forma

$$\omega = \frac{1}{(x^2+y^2+z^2)^{3/2}} \left(x\,\mathrm{d}y \wedge \mathrm{d}z + y\,\mathrm{d}z \wedge \mathrm{d}x + z\,\mathrm{d}x \wedge \mathrm{d}y\right),$$

e a 2-superfície

$$\sigma : [0,\pi] \times [0,2\pi] \to \mathbb{R}^3, \qquad \sigma(\phi,\theta) = (\operatorname{sen}\phi\,\cos\theta, \operatorname{sen}\phi\,\operatorname{sen}\theta, \cos\phi).$$

5. Defina o operador de Laplace em $\mathbb{R}^N$ pela expressão

$$\Delta = \frac{\partial^2}{\partial x_1^2} + \cdots + \frac{\partial^2}{\partial x_N^2}.$$

É um resultado não elementar da teoria da equações diferenciais parciais lineares que, dado qualquer $\Omega \subset \mathbb{R}^N$ aberto, então $\Delta : C^\infty(\Omega) \to C^\infty(\Omega)$ é sobrejetor. Use este resultado para mostrar que $H^N(\Omega) = 0$, qualquer que seja $\Omega \subset \mathbb{R}^N$ aberto.

6. Seja $\Omega \subset \mathbb{R}^N$ aberto e denote os pontos em $\Omega \times \mathbb{R}$ na forma $(x,t) = (x_1, \ldots, x_N, t)$.

(a) Mostre que toda forma de grau k em $\Omega \times \mathbb{R}$ se escreve, de modo único, como

$$\omega = \mathrm{d}t \wedge \alpha + \beta,$$

onde

$$\alpha = \sum_I{}' \alpha_I(x,t)\,\mathrm{d}x_I \quad \text{e} \quad \beta = \sum_J{}' \beta_J(x,t)\,\mathrm{d}x_J$$

são formas de grau $k-1$ e k respectivamente.

(b) Defina uma transformação $\mathrm{K} : \mathsf{F}_k(\Omega \times \mathbb{R}) \to \mathsf{F}_{k-1}(\Omega)$ pela fórmula

$$\mathrm{K}(\omega) = \sum_I \left(\int_0^1 \alpha_I(x,t)\,\mathrm{d}t \right) \mathrm{d}x_I.$$

Verifique que K está bem definida e que é $\mathbb{R}$-linear.

(c) Para cada $t \in \mathbb{R}$ defina $\theta_t : \Omega \to \Omega \times \mathbb{R}$ por $\theta_t(x) = (x, t)$. Mostre que se ω é uma k-forma em $\Omega \times \mathbb{R}$ então vale

$$K(d\omega) + d(K(\omega)) = (\omega)_{\theta_1} - (\omega)_{\theta_0}.$$

(d) Conclua que $\theta_0 : \Omega \to \Omega \times \mathbb{R}$ e $\theta_1 : \Omega \to \Omega \times \mathbb{R}$ induzem as mesmas transformações $H^n(\Omega \times \mathbb{R}) \to H^n(\Omega)$ para todo $n \geq 1$.

7. Sejam $\Omega_1, \Omega_2 \subset \mathbb{R}^N$ abertos com $\Omega_1 \cap \Omega_2 \neq \emptyset$

(a) Mostre que dada $f \in C^\infty(\Omega_1 \cap \Omega_2)$ existem $f_j \in C^\infty(\Omega_j)$, $j = 1, 2$, tais que $f = f_1 - f_2$ em $\Omega_1 \cap \Omega_2$.

Sugestão. Aqui você pode utilizar uma versão mais geral do resultado sobre a existência de partições da unidade. Pesquise-a e enuncie-a precisamente.

(b) Uma sequência de espaços vetoriais e aplicações lineares

$$0 \longrightarrow E_1 \xrightarrow{T_1} E_2 \xrightarrow{T_2} E_3 \xrightarrow{T_3} E_4$$

é *exata* se $\operatorname{Ker} T_1 = 0$ e $\operatorname{Ker} T_j = \operatorname{Im} T_{j-1}$, $j = 2, 3$. Sejam então U, V abertos de $\mathbb{R}^N$, $U \cap V \neq \emptyset$. Mostre que a seguinte sequência é exata:

$$0 \longrightarrow H^0(U \cup V) \xrightarrow{T} H^0(U) \oplus H^0(V) \xrightarrow{S} H^0(U \cap V) \xrightarrow{R} H^1(U \cup V).$$

Aqui T, S e R são definidos do seguinte modo: considere as aplicações de inclusão

$$j_U : U \hookrightarrow U \cup V, \quad j_V : V \hookrightarrow U \cup V, \quad \iota_U : U \cap V \hookrightarrow U, \quad \iota_V : U \cap V \hookrightarrow V.$$

Então

$$T(\xi) = (j_U^*(\xi), j_V^*(\xi)), \quad S(\xi, \eta) = \iota_U^*(\xi) - \iota_V^*(\eta).$$

Para finalmente definir R proceda do seguinte modo: suponha que $\xi \in H^0(U \cap V)$ seja representada por $f \in C^\infty(U \cap V)$. Escreva $f = f_1 - f_2$ como em (a) e seja $\omega \in \mathsf{F}_1(U \cup V)$ dada por $\omega = d f_1$ em U, $\omega = d f_2$ em V. Defina $R(\xi) = [\omega]$. Verifique primeiramente que R está bem definida, isto é, que o valor de $R(\xi)$ independe da escolha de f e da escolha de sua decomposição, e mostre também que R é linear.

(c) É possível decompor $\mathbb{R}^N = U \cup V$ com U e V abertos conexos e $U \cap V$ desconexo?

Referências Bibliográficas

[S] SUSSMANN, H. *Real Variables*, notas de aula de disciplina ministrada no Departamento de Matemática, Rutgers University, Outono de 1980/Primavera de 1981.

[Ro] ROYDEN, H. L. *Real Variables*. Second edition, MacMillan Publishing Co., New York, 1968.

[Ru] RUDIN, W. *Principles of Mathematical Analysis*. Third edition, International Student Edition, McGraw-Hill, 1976.

Notações

$c(A)$	Medida de contagem	6
ν_{x_0}	Medida de Dirac concentrada em x_0	7
$\overline{\lim} f$	Limite superior da função f	10
$\underline{\lim} f$	Limite inferior da função f	10
χ_A	Função característica de A	11
$\mathsf{L}(I)$	Comprimento do intervalo I	23
$\mathsf{Vol}(I)$	Volume do intervalo I de $\mathbb{R}^N$	23
$\mathsf{m}^*(A)$	Medida exterior de A	23
$\mathcal{M}(\mathbb{R}^N)$	σ-álgebra dos conjuntos Lebesgue-mensuráveis	24
$\mathcal{M}(X)$	σ-álgebra de todos os subconjuntos Lebesgue-mensuráveis de X	31
m	Restrição da medida de Lebesgue a $\mathcal{M}(X)$	31
$E \Subset \Omega$	Indica que o fecho de E em $\mathbb{R}^N$ é um subconjunto compacto de Ω	35
$\mathsf{GL}(\mathbb{R}^N)$	Grupo de todas as transformações lineares $A \in L(\mathbb{R}^N)$ que são invertíveis	35
$\mathsf{X}(\Omega)$	Conjunto de todos os campos vetoriais sobre Ω	50

$\mathsf{F}_k(\Omega)$	Espaço das formas diferenciais de grau k sobre Ω 53
ω	N-forma sobre Ω 53
$\mathsf{F}_1(\Omega)$	Espaço das 1-formas sobre Ω 53
$\mathrm{d}f$	Diferencial de f 53
$\alpha \wedge \beta$	Produto exterior entre as formas α e β 57
ω_F	Pullback da forma ω pela aplicação F 63
$\mathrm{Hom}_R(M,N)$	Conjunto dos homomorfismos de R-módulos de M em N .. 69
$\mathsf{s}_k(\Omega)$	Conjunto de todos os k-simplexos afins em Ω 76
$\mathsf{s}_k(\Omega)$	Espaço das k-cadeias em Ω 78
$\partial\sigma$	Fronteira de σ 79
$\mathsf{S}_k(\Omega)$	Conjunto dos k-simplexos singulares em Ω 83
$\mathsf{C}_k(\Omega)$	Conjunto das k-cadeias singulares em Ω 84

Índice Remissivo

aberto
    com fronteira regular, 97
    regular, 89
aplicação
    elementar, 45
    primitiva, 45

k-cadeia
    afim, 78
        fronteira de uma, 79
    singular, 83
campo
    normal exterior, 101
    vetorial, 50
colchete de Lie, 51
complexo de $\mathbb{R}$-espaços vetoriais, 109
complexo exato, 109
comprimento de um intervalo, 23
comutador, 51
conjunto
    aberto com fronteira regular, 97
    estrelado, 66
    Lebesgue-mensurável, 27
    mensurável, 5

cubo, 39

derivada exterior, 60
desigualdade do valor médio, 37
difeomorfismo de classe C^1, 35
diferencial, 53
divergente, 91

espaço
    de medida, 7
        completo, 10
        finita, 12
    mensurável, 5
espaços
    de cohomologia, 110
    de De Rham, 111

0-forma, 53
1-forma, 53
k-forma, 55
    exata, 62
    fechada, 62
    representação canônica de uma, 56

fórmula
    da divergência, 104
    de Gauss, 91
    de Green, 89, 90
    de Stokes, 90, 100
função
    característica, 11
    escada, 31
    mensurável, 9
    quase nula, 78
    Riemann integrável, 32
    simples, 11
    sinal, 59

hipersuperfície regular parametrizada, 93

integral, 12, 16
    de Lebesgue, 31
    de N-formas, 71
    de Riemann, 32
    de uma forma ω, 72
intervalo em $\mathbb{R}^N$, 23

Lema de Poincaré, 66

medida, 6
    de contagem, 6
    de Dirac, 7
    de Lebesgue, 24, 27
        de superfície sobre a fronteira, 98
    de superfície, 94
    exterior, 23
    induzida, 7
módulo, 68
    base de um, 69

base dual de um, 70
dimensão de um, 69
livre, 69
módulos isomorfos, 69
μ-quase sempre, 16
multi-índice, 56

operador de fronteira, 84

parametrização positiva, 89
partição
    da unidade, 96
    de um intervalo, 31
produto exterior, 57
pullback, 63

regra de Leibniz, 50
representação canônica de uma função simples, 11

σ-álgebra, 5
k-simplexo
    afim, 75
    singular, 83
    standard, 72
subespaço mensurável, 5
k-superfície, 72

Teorema
    da Convergência Limitada, 20
    de Mudança de Variável, 36
    de Stokes (primeira versão), 80
    de Stokes (segunda versão), 84

volume de um intervalo, 23

Impresso na Prime Graph
em papel offset 75 g/m^2
fonte utilizada mlmodern
janeiro / 2024